土壤污染修复丛书

丛书主编　朱永官

土壤有机质的周转及其对污染物的调控

潘　波　李芳芳　常兆峰 等　著

科 学 出 版 社

北　京

内 容 简 介

土壤碳汇提升与土壤污染控制已成为"减污降碳协同增效"的国家重大需求。本书主要针对土壤有机质的来源、稳定机制及云南高原地区典型人为活动干扰下土壤有机质的周转及其与污染物的相互作用等方面进行论述。全书共分 12 章，分别为土壤有机质的概述、土壤有机质稳定性研究、土壤有机质周转研究方法、土壤有机质周转的研究进展、氢氟酸对发酵前后玉米秸秆有机质结构的影响、活性矿物阻碍脂类生物标志物的萃取、苯多羧酸标志物描述生物炭与土壤矿物颗粒的相互作用、经济橡胶林置换热带雨林植被下土壤有机质周转、不同耕作模式下元阳梯田土壤有机质周转、分子生物标志物揭示有机无机复合体对土壤有机碳的保护、分子生物标志物描述矿物溶解下土壤有机质组分变化及其吸附特征、分子生物标志物对稠环有机质的老化及其吸附特性研究。

本书可为环保、生态、水土保持、农业等相关行业人员和管理部门进行土壤固碳和修复控制工作等提供参考，也可供环境科学与工程、土壤学、农学专业的科研和教学工作者使用。

图书在版编目（CIP）数据

土壤有机质的周转及其对污染物的调控 / 潘波等著. -- 北京 : 科学出版社，2025. 6. -- （土壤污染修复丛书）. -- ISBN 978-7-03-082125-6

Ⅰ. S153.6；X53

中国国家版本馆 CIP 数据核字第 202512ZJ91 号

责任编辑：郑述方 / 责任校对：韩卫军
责任印制：罗　科 / 封面设计：墨创文化

科学出版社 出版

北京东黄城根北街 16 号
邮政编码：100717
http://www.sciencep.com

四川煤田地质制图印务有限责任公司印刷
科学出版社发行　各地新华书店经销

*

2025 年 6 月第　一　版　　开本：787×1092　1/16
2025 年 6 月第一次印刷　　印张：10 1/4
字数：243 000

定价：158.00 元
（如有印装质量问题，我社负责调换）

"土壤污染修复丛书"编委会

主　编　朱永官

副主编　冯新斌　潘　波　魏世强

编　委（按姓氏汉语拼音排序）

　　　　陈玉成　代群威　段兴武　李楠楠　李廷轩

　　　　林超文　刘承帅　刘　东　刘鸿雁　孟　博

　　　　秦鱼生　宋　波　苏贵金　孙国新　王　萍

　　　　王铁宇　吴　攀　吴永贵　徐　恒　徐小逊

　　　　杨金燕　余　江　张乃明　郑子成

特邀审稿专家　林玉锁　刘杏梅

丛 书 序

  土壤是地球的皮肤，是地球表层生态系统的重要组成部分。除了支撑植物生长，土壤在水质净化和储存、物质循环、污染物消纳、生物多样性保护等方面也具有不可替代的作用。此外，土壤微生物代谢能产生大量具有活性的次生代谢物，这些代谢产物可以用于开发抗菌和抗癌药物。总之，土壤对维持地球生态系统功能和保障人类健康至关重要。

  长期以来，工业发展、城市化和农业集约化快速发展导致土壤受到不同程度的污染。与大气和水体相比，土壤污染具有隐蔽性、不可逆性和严重的滞后性。土壤污染物主要包括：重金属、放射性物质、工农业生产活动中使用或产生的各类污染物（如农药、多环芳烃和卤化物等）、塑料、人兽药物、个人护理品等。除了种类繁多的化学污染物，具有抗生素耐药性的病原微生物及其携带的致病毒力因子等生物污染物也已成为颇受关注的一类新污染物，土壤则是这类污染物的重要储库。土壤污染通过影响作物产量、食品安全、水体质量等途径影响人类健康，成为各级政府和公众普遍关注的生态环境问题。

  我国开展土壤污染研究已有六十多年。20 世纪 60 年代初期，我国进行了土壤放射性水平调查，探讨放射性同位素在土壤-植物系统中的行为与污染防治。1967 年开始，中国科学院相关研究所进行了除草剂等化学农药对土壤的污染及其解毒研究。20 世纪 60 年代后期、70 年代初期，我国陆续开展了以土壤污染物分析方法、土壤元素背景值、污水灌溉调查等为中心的研究工作。随着经济的快速发展，土壤污染问题逐渐为人们所重视。20 世纪 80 年代起，许多科研机构和大专院校建立了与土壤环境保护有关的专业，积极开展相关研究，为"六五""七五"期间土壤环境背景值和环境容量等科技攻关任务的顺利开展打下了良好基础。

  习近平总书记在党的二十大报告中明确指出：中国式现代化是人与自然和谐共生的现代化。必须牢固树立和践行绿水青山就是金山银山的理念，站在人与自然和谐共生的高度谋划发展。

  土壤环境保护已经成为深入打好污染防治攻坚战的重要内容。为有效遏制土壤污染，保障生态系统和人类健康，我们必须遵循"源头控污-过程减污-末端治污"一体化的土壤污染控制与修复的系统思维。

  由于全国各地地理、气候等各种生态环境特征不同，土壤污染成因、污染类型、修复技术及方法均具有明显的地域特色，研究成果也颇为丰富，但多年来只是零散地发表在国内外刊物上，尚未进行系统性总结。在这样的背景下，科学出版社组织策划的"土壤污染修复丛书"应运而生。丛书全面、系统地总结了土壤污染修复的研究进展，在前沿性、科学性、实用性等方面都具有突出的优势，可为土壤污染修复领域的后续研究提供可靠、系统、规范的科学数据，也可为进一步的深化研究和产业创新应用提供指引。

从内容来看，丛书主要包括土壤污染过程、土壤污染修复、土壤环境风险等多个方面，从土壤污染的基础理论到污染修复材料的制备，再到环境污染的风险控制，乃至未来土壤健康的延伸，读者都能在丛书中获得一些启示。尽管如此，从地域来看，丛书暂时并不涵盖我国大部分区域，而是从西南部的相关研究成果出发，抓住特色，随着丛书相关研究的进展逐渐面向全国。

丛书的编委，以及各分册作者都是在领域内精耕细作多年的资深学者，他们对土壤修复的认识都是深刻、活跃且经过时间沉淀的，其成果具有较强的代表性，相信能为土壤污染修复研究提供有价值的参考。

与当前日新月异、百花齐放的学术研究环境异曲同工，"土壤污染修复丛书"的推进也是动态的、开放的，旨在通过系统、精炼的内容，向读者展示土壤修复领域的重点研究成果，希望这套丛书能为我国打赢污染防治攻坚战、实施生态文明建设战略、实现从科技大国走向科技强国的转变添砖加瓦。

朱永官

中国科学院院士

2023 年 4 月

前　言

我国土地资源紧缺，土地的退化与污染并发，如何实现对土壤污染的有效控制，保障土地的安全可持续使用，面临较大的技术挑战。土壤有机质（soil organic matter，SOM）是调控土壤有机污染物迁移、转化的关键因子。过去二十年来，研究者已建立了 SOM 非均质性（包括 SOM 元素组成、官能团性质及物理构象等整体性质）与有机污染物非理想相互作用的关系。然而，至今没有一个普适性的模型能清楚预测有机污染物在土壤中的环境行为。传统对 SOM 与污染物的相互作用的理解忽略了 SOM 的动态变化，会导致对有机污染物环境行为预测不准确。

在全球碳循环框架下，SOM 的各个组分一直处在动态周转更替中，即 SOM 的组成和性质存在差异。如果把 SOM 视为一个瞬时、静态的组分，显然不能客观描述污染物的行为和风险。因此，在有机污染物的环境行为研究中，我们需要考虑 SOM 来源及其动态变化。生物地球化学研究者常利用分子生物标志物在分子水平上研究 SOM 的来源、组成、分布、降解与环境因素（土壤温度、植被类型、土地利用方式、pH 等）变化规律。分子生物标志物在环境中能很好地保留其母源有机物的碳骨架分子信息，并示踪反映其在环境变化过程中的稳定及周转。云南红土高原地域条件独特，土壤类型丰富，土壤碳行为复杂，碳循环周期短，土壤污染、生态退化问题突显，土壤污染控制与生态修复效果与理论预期有较大差别，农业发展受到土壤质量的限制。近年来，由于农业的密集干扰，原始森林置换为单一的人工经济林，缩短种植周期等方式加速了区域土壤碳循环周转，导致这些受干扰的生态系统存在很大的碳亏缺现象。我们认为，人为活动下 SOM 的周转及其对有机污染物的调控是提升土壤碳汇与污染控制协同治理的首要前提，也是推动区域绿色高质量发展、助力国家实现碳达峰、碳中和的重要举措。

笔者团队经过 10 余年的基础研究，于 2018 年获批建立云南省土壤固碳与污染控制重点实验室，以理解污染物的陆生环境地球化学行为为起点，系统研究有机碳行为与污染物行为耦合关系；以土壤固碳为切入点，旨在提高农田耕作生产力、控制农村面源污染、减少 CO_2 排放等。我们研究发现，环境中 SOM 的性质变化、周转更替与 CO_2 排放、土壤退化相关联，最突出的问题是土壤碳行为的变化极大地影响污染物的环境行为和风险。但 SOM 周转中的性质如何变化，这些变化如何影响污染物行为还不明了。因此，本实验室以化学组分特异性的 SOM 行为为切入点，阐释人为植被更替下 SOM 周转与有机污染物行为的耦合机制，为构建人为活动中污染物的行为和风险预测体系、明确调控高原富铝土退化的关键环节等提供重要的理论支持。

本书分为 12 章，第 1 章在介绍 SOM 基本概念的基础上，详细介绍 SOM 的来源、组成及其环境意义，特别讨论腐殖质的来源与形成争议，以及土壤固碳与污染控制的相互作用。第 2 章基于对稳态碳概念的理解，重点从有机碳的分子抗性、矿物对有机碳的保护、团聚体的形成介绍其对稳态碳的作用和贡献。第 3 章介绍 SOM 周转的研究方法，详细介绍主要的分子生物标志物和同位素示踪技术的应用。第 4 章综述 SOM 周转的研究进展，重点介绍环境因子对 SOM 周转的影响。第 5 章通过用不同浓度的 HF 对发酵前后的有机质进行酸处理，分析酸洗前后有机质的性质和结构变化，研究 HF 处理对有机质结构的影响。第 6 章研究 HF 处理对 SOM 中脂类等生物标志物萃取率的影响，以及对分子生物标志物示踪 SOM 来源和降解参数的影响。第 7 章主要利用苯多羧酸标志物揭示生物炭与矿物颗粒的相互作用，重点通过苯多羧酸标志物识别并量化生物炭施加土壤后，在不同土壤密度组分中的含量及其贡献。第 8 章通过对云南典型经济橡胶林置换热带雨林的土壤采集，利用分子生物标志物分析不同年代置换土壤中的 SOM 来源、降解及周转情况。第 9 章利用分子生物标志物探究云南典型元阳梯田旱地和水田 SOM 的来源、分布及周转，解析不同耕作方式对 SOM 周转的影响。第 10 章通过构建人为添加矿物培养不同植物组织的微生物培养实验，比较土壤矿物去除前后对非稠环和稠环有机质的保护机制，系统探究有机无机复合体对土壤有机碳的保护作用。第 11 章研究酸处理前后 SOM 性质的变化，从分子水平理解 SOM 对有机污染物菲和氧氟沙星的吸附特征。第 12 章利用苯多羧酸识别人工热解碳、炭黑等稠环有机质在环境老化过程中的性质变化，建立稠环有机质苯多羧酸（BPCAs）参数与其吸附有机污染物特征参数的关系，预测其对有机污染物的吸附行为。

　　本书主要凝练笔者的科研成果以及部分引用国内外同行学者的研究成果，由潘波教授主编，李芳芳副教授、常兆峰讲师、田路萍讲师参与全书的主要编写和校稿，研究生宋鑫、桂晓雨、冯思月、张玉、雷梣岑、李宇轩、曹睦林、李金锁参与本书编写。本书以土壤有机碳稳定和周转为主线索，理解分子生物标志物技术识别人为活动对 SOM 的更替为主要内容，以土壤碳周转与有机污染物相互作用为重点，力求在内容上保证系统性、完整性和可靠性。全书力求从宏观和微观相结合理解有机质固碳与污染物协同治理，为预测有机污染物在土壤中的迁移转化、风险模型及其污染防治方面提供理论支持。然而，土壤碳循环与污染控制近年来发展极为迅速，加上我们能力有限，书中有疏漏之处在所难免，敬请国内外广大同行专家学者批评指正。

目　　录

第1章 土壤有机质的概述

1.1 土壤有机质的来源、分布与组成

SOM 是植物、微生物及动物残体在经过不同氧化程度阶段下生成的非均质混合物。SOM 数量和质量的变化不可避免地影响土壤肥力、生物多样性和生物生产力等陆地生态系统功能。它既能保留生物体必需的营养物质和水分，改善土壤质量，提高土壤团聚体及其稳定性，又能增加土壤肥力，提高农作物产量。此外，SOM 对全球气候变化起着重要的调节作用。土壤中所储存的有机碳量是大气中所含碳的两倍多，是陆地生态系统中最大的碳库（Schmidt et al.，2011）。因此，土壤被认为是大气圈和生物圈中最大的碳汇与源，也可能是"碳失汇"的主要集中地。其含量的微小变化可能极大影响大气中 CO_2 含量，从而直接影响区域气温，甚至全球气温（Batjes，1996；Walker，1991）。SOM 的积累和周转是影响生态系统功能的重要因素，决定着土壤是否是全球碳循环中的碳汇或源（Pisani et al.，2016；Post and Kwon，2000）。由于其来源、化学组成及结构复杂、不均一，SOM 具有不同性质和组成，影响其与土壤其他组分的相互作用，比如调控污染物的迁移转化、与土壤颗粒矿物的相互作用及其营养元素的循环。面对我国"碳达峰、碳中和"以及"千分之四全球土壤增碳计划"的目标，如何发挥土壤碳汇功能需要今后很长时期人类做出努力。在此前提下，充分理解 SOM 的来源、组成与分布是提升土壤有机碳储量的先决条件。

1.1.1 土壤有机质的来源与组成

SOM 的来源与组成一直受到研究者的广泛关注。SOM 的来源广泛，形态各异（王林江等，2021），其来源是动物、植物以及微生物的残体（武丽萍和曾宪成，2012），经微生物的分解利用、缩合等作用形成。即有机质通过矿化和腐殖化作用，最后形成腐殖质，因此腐殖质被认为是 SOM 的主要成分。由于对 SOM 组成的认识和技术发展的限制，土壤腐殖质的形成理论先后经历了不同时期的演变。在 19 世纪早期，通过碱溶酸沉方法提取腐殖质，并通过该操作方法分离富里酸（溶于水、酸和碱）、胡敏酸（不溶于水和酸，只溶于碱）、胡敏素/腐黑物（不溶于水、酸和碱）（Kononova，1966），并逐步形成了早期土壤学经典腐殖化理论，即 SOM 形成经过土壤腐殖化过程，其主要由结构上复杂而稳定的、具有特殊化学性质的物质组成。同时，研究者通过凝胶色谱（Dubach et al.，1964）、超滤分离技术（Richard et al.，2011）、高效液相-体积排阻色谱（Asakawa et al.，2008）测定 SOM 的分子量，均发现大部分腐殖质的分子量大于 5000Da，进一步认为腐殖质是大分子结构。因此，基于以上发现，土壤腐殖质被认为是未指明、转化、深色、不均匀、

无定形的高分子物质，这也为土壤学及其环境地学相关学科研究 SOM 组成与性质对污染物的迁移转化提供了重要支撑。

但早期研究并未提供直接的证据证明腐殖质的存在，随着现代分析技术的发展，研究者对 SOM 的组成又有了新的认识，甚至一些研究结果对经典腐殖化形成理论发起了挑战。比如，一些研究利用扫描透射 X 射线显微技术对 SOM 进行原位观察，发现 SOM 分子组成复杂，在纳米尺度上存在异质性，意味着土壤中可能不存在所谓的大分子结构（Lehmann et al.，2008；渠晨晨等，2022）。研究者利用原位光谱技术发现，腐殖质的尺寸大小与其来源、溶液化学性质（如 pH、矿物组成）有关，并随着 pH 和离子强度增加显著减小，由此推测腐殖质是由小分子有机质聚合而成的产物，且会随着环境因子的变化而改变（Myneni et al.，1999）。此外，有研究者将乙酸添加至腐殖质中破坏分子间的氢键作用，增加了小分子有机质的分布，进一步认为腐殖质大分子可能是由一些小分子有机质通过疏水力和氢键等相互作用团聚，并提出了"超分子"学说（Piccolo，2001）。Lehmann 和 Kleber（2015）基于前人的实验结果提出了土壤有机质连续体概念模型（soil continuum model，SCM），他们认为，至今研究没有证据表明 SOM 是有机质经微生物分解利用后，其分解产物再二次合成形成类似"腐殖质"，因此称 SOM 只是有机质不断分解产物的连续体，反映了大到植物生物聚合物，小到分子化合物的微生物逐级分解过程，并始终以包含不同分解程度的有机碎片连续体形式存在，他们认为这些分解的连续体主要与矿物表面结合，或进入团聚体被保护而稳定，而与分子结构无关。这一概念模型的提出也意味着对腐殖质的形成和存在提出了很大质疑，认为传统的碱提取获得腐殖质可能只是人为操作产物，因为真实土壤不存在这种碱性条件。随后，一些研究者基于 ^{13}C 核磁共振（^{13}C-NMR）的研究提供了更多土壤腐殖质的新证据。Cao 和 Schmidt-Rohr（2018）利用 ^{13}C-NMR 发现土壤腐殖质中存在大量的含氧键的非质子化碳，包括芳基酮、非质子化烷基 C—O 和丰富的羧基碳，但在植物生物聚合物中并未观察到，这一显著差异反驳了 SOM 仅仅是有机质连续分解体产物这一观点，表明有机质的分解产物仍参与腐殖化过程。Hatcher 等（2019）将传统碱溶酸沉法获得的富里酸、胡敏酸和胡敏素重新混合，并用 ^{13}C-NMR 分析发现，该混合物与未处理的整体 SOM 的结构相同，表明碱提取法并不会改变 SOM 的官能团，直接证明了土壤腐殖质并非人为提取的产物，并承认植物生物聚合物确实会降解，产生一些小分子有机质（<1000Da），但不是完全降解，在这个过程中，小分子会进一步形成聚集物，并可以进行二次合成反应或化学修饰，因此，SOM 会包含一些小分子组成，但不可忽略腐殖化过程的二次合成形成的产物。尽管前人通过不同现代技术手段和研究先后对 SOM 的形成理论有不同的观点，但总的来说，SOM 的形成和组成是复杂的，且具有高度非均质性，不仅受有机质来源控制，更随外界所处的环境因子的变化而改变。

随着分子生物标志物（如氨基糖和磷脂脂肪酸分子标志物）和同位素示踪技术等分子技术的发展，近年来，SOM 的来源也引起了广泛争议。尽管植物、动物、微生物均是 SOM 的来源，但稳定的 SOM 一直以来被认为是来源于植物残体，因其分子结构较微生物源分子结构更稳定、更难以降解。早期学者提出腐殖质的主要来源是植物的木质素，在不同类型植物残体的培养实验中发现，木质素的分解与腐殖质的积累显著相关，认为植物残体是 SOM 的主要来源（渠晨晨等，2022；Page，2009）。此外，由于活性微生物量不高于 SOM 总量的 5%，总微生物量的碳含量经常不到总土壤有机碳的 4%（Liang et al.，2011；Anderson and Joergensen，1997），因此，早期研究一直忽略了微生物对 SOM 的积累与贡献。然而，最近越来越多研究开始质疑植物衍生物在 SOM 形成中的主要贡献，认为微生物对 SOM 积累和稳定的作用被大大低估（Angst et al.，2021；Liang et al.，2017）。具体相关的 SOM 来源及其稳定研究进展将在后面章节进一步介绍。可见，关于 SOM 的形成与来源的问题仍是当前甚至未来需要进一步证实和探究的重点。

　　SOM 的主要元素组分包括 52%～58%的碳、34%～39%的氧、3.3%～4.8%的氢和3.7%～4.1%的氮。正如前文所述，尽管 SOM 的腐殖质的形成理论有所争议，但大部分腐殖质的分子组成和化学结构是不明确的。目前 SOM 具有可识别的物理和化学性质的有机化合物主要包括各种碳水化合物、木质素、蛋白质、氨基酸、脂和低分子量有机酸等，这些有机化合物不仅可以为土壤提供主要能量，一些活性组分还容易被微生物分解；但这些化合物也能与腐殖质反应，甚至可以在土壤团聚体中具有稳定性，可以被很好地保存。同时，一些特定的有机化合物可以作为识别 SOM 来源的特定生物标志物（Paul，2016；Hayes et al.，2007）。

1. 碳水化合物

　　碳水化合物是由碳、氢和氧三种元素所组成的多羟基的醛类或酮类化合物以及由它们聚合而成的高分子化合物（如多糖类）。单糖（中性单糖）溶解性较高，能很好地被微生物利用；多糖（纤维素和半纤维素）也会被微生物分解产生单糖，经常处于不稳定的动态平衡状态（翟凯燕等，2017）。

　　中性单糖包括葡萄糖（glucose，GLU）、鼠李糖（rhamnose，RHA）、核糖（ribose，RIB）、岩藻糖（fucose，FUC）、阿拉伯糖（arabinose，ARA）、木糖（xylose，XYL）、甘露糖（mannose，MAN）和半乳糖（galactose，GAL），是土壤活性有机碳库的重要成分（Jolivet et al.，2006）。植物来源的糖类主要由纤维素中的葡萄糖、半纤维素中的木糖和阿拉伯糖组成，这些植物来源的化合物是 SOM 的主要来源（Crow et al.，2009）。甘露糖和鼠李糖在真菌中广泛存在，而细菌中的主要糖类包括葡萄糖、果糖、甘露糖、半乳糖、鼠李糖，这些碳水化合物既可用于估计微生物的生长，也可积累在微生物产物中，特别是在细胞外黏液-生物膜中（Redmile-Gordon et al.，2014）。此外，研究者利用 ^{14}C 标记的葡萄糖进行微生物培养实验发现，微生物不能将葡萄糖转化为木糖和阿拉伯糖，可见，土壤中检测到的木糖和阿拉伯糖主要来源于植物而非微生物（Yang and Yu，2014）。因此，(甘露糖 + 半乳糖)/(木糖 + 阿拉伯糖)（物质的量之比）通常用来区分在土壤有机质分解和形成过程中植物和微生物的相对贡献，比值<0.5，表明土壤有机质以植物来源的碳水化合物为主；比值>2，则表明土壤有机质以微生物来源的碳水化合物为主（Tinsley and Darbyshire，1984）。这些中性糖不仅能够提供土壤微生物活动的主要能量（Martens and Loeffelmann，2002），还能作为土壤碳库周转的敏感性指标（田秋香等，2013），其在土壤有机碳的分配比例可以用来体现有机质的稳定程度，该比例越低，代表土壤有机碳越趋向于稳定（Navarrete and Tsutsuki，2008；Nacro et al.，2005）。

纤维素是指由许多葡萄糖单糖分子之间通过脱水并以苷键结合而成的天然高分子化合物,是植物细胞壁的主要结构成分(Kögel-Knabner,2002),同时也是自然界中最丰富的生物聚合物(兰文婷等,2016)。研究表明,纤维素也是藻类和真菌细胞壁的组成部分,而在细菌中很少(De Leeuw and Largeau,1993;Peberdy,1990)。半纤维素由类似纤维素的糖单元组成,通过糖苷键结合在一起,聚合度低于纤维素,广泛存在于植物茎、叶以及果实细胞壁中,其在禾本科植物中含量为16%~25%,阔叶木中为18%~22%,针叶木中为25%~35%(吴述平,2014)。相对单糖尤其是可溶性糖,这些高分子纤维素和半纤维素往往在凋落物的后期被分解,分解相对较慢,且主要通过微生物分解胞外酶进行。相比纤维素,半纤维素由细菌和真菌分解,分解速率更高(Swift et al.,1979)。

2. 木质素

木质素主要来源于陆地维管束高等植物,作为植物中含量仅次于纤维素的第二大组分,木质素是植物细胞壁木质纤维素成分中最常见的芳香族有机化合物。它是一种由苯基丙烷单元组成的三维高分子聚合物。它作为一种结合材料,参与纤维素的交联,为细胞壁提供额外的强度、刚性和刚度,从而保护植物细胞免受酶水解并避免各种其他环境对植物的胁迫(Datta et al.,2017;Zhao et al.,2012)。木质素主要由对香豆醇、松柏醇和芥子醇三种不同单体形成。由于其单体不同,木质素可分为三种类型:由紫丁香基丙烷结构单体聚合而成的紫丁香基木质素(syringyl lignin,S-木质素),由愈创木基丙烷结构单体聚合而成的愈创木基木质素(guaiacyl lignin,V-木质素)和由对羟基苯基丙烷结构单体聚合而成的对羟基苯基木质素(hydroxy-phenyl lignin,C-木质素)(刘宁等,2011)。一般认为,V-木质素存在于所有维管束植物(如裸子植物和被子植物)中,而S-木质素仅存在于被子植物,C-木质素在维管束植物的非木本组织中富集,尤其是草本植物。因此,土壤中木质素可以根据不同单体组成,识别输入土壤的最初植物残体类型。土壤中木质素主要来源于覆盖的植物、食品加工业的木质纤维废料或施加的有机肥等(Datta et al.,2017)。研究表明,植物凋落物有约20%的木质素进入土壤,因此木质素是SOM的芳香结构的重要组分(Gleixner et al.,2001;Barder and Crawford,1981)。由于木质素的芳香结构以及分子间键的刚性,其分子结构中大多数键是不可水解的,仅有少部分特定的细菌和真菌可降解木质素,比如,白腐真菌能够将木质素完全分解为二氧化碳,而褐腐真菌可部分降解木质素(Kögel-Knabner,2002)。因此,人们普遍认为木质素是土壤有机质难降解的组分。基于木质素的特异性,研究者利用木质素可以示踪有机质陆源生物在海洋或沉积物中的来源及降解,并能很好区分陆生生态系统中裸子植被和被子植被来源(万晓华和黄志群,2013)。

3. 有机酸

土壤有机酸是土壤酸类物质的重要成分之一,广泛存在于土壤中(李浩成等,2020),其来源于植物(根系分泌物和凋落物的分解)、土壤有机物质以及微生物(细菌、真菌以及地衣类)分泌物。土壤有机酸在土壤生态系统中扮演了重要的作用,研究表明,它对土壤矿物的风化、养分的释放、重金属的活化/迁移以及有机碳的循环等都有不容忽视的重要作用（Lawrence et al.，2014）。一般来说，土壤有机酸是弱酸，不能完全溶解于水，按照分子量可分为高分子量有机酸和低分子量有机酸两类（Adeleke et al.，2017）。高分子量有机酸的分子量可从几百到几百万道尔顿，一般较难溶于水。而低分子量有机酸一般低于几百道尔顿，相对高分子量，更易溶于水。低分子量有机酸一般包含 1～3 个羧基，比如柠檬酸、草酸、苹果酸、琥珀酸、丙二酸和甲酸等小分子有机酸。而高分子有机酸一般存在于腐殖酸中，且羧基数量较多，远高于 3 个（Perminova et al.，2003），其含量和种类受土壤类型和种植作物的影响（Adeleke et al.，2017）。在低分子量有机酸中，随着羧基数量增多，其对矿物质风化/溶出的效率增高（Xu et al.，2012），其溶出机制主要包括酸化、螯合作用以及离子交换作用（Adeleke et al.，2012）。一些实验室模拟实验发现，矿物风化主要受环境中 pH 控制，而有机酸及其络合配体对其影响较小（Jones et al.，2003）。

4. 其他有机物

含氮有机物，如蛋白质在植物残体中含量为 0.6%～1.5%，蛋白质元素组成中除 C、H、O 外，还含 N（占 16%左右）、S（0.3%～2.4%）和 P（0.8%）。氨基酸是蛋白质的水解产物。土壤中已分离和鉴定的氨基酸不下数十种，如天门冬氨酸、谷氨酸等。氨基酸是腐殖质的重要组成物。含磷有机物，如核酸（由单核苷酸组成）等所含的有机磷可占土壤有机磷的 40%～80%（李天杰等，1983）。另外，土壤中还存在着许多比较复杂的其他有机物，如树脂、蜡、脂类、单宁（鞣质）等。脂质是不溶于水但可用非极性溶剂萃取的有机物质，例如，氯仿、己烷、乙醚或苯（Dinel et al.，1990）。脂类是一类既存在于植物中又存在于微生物中的异质性物质。游离的脂肪酸和磷脂常作为特定的示踪剂，比如磷脂脂肪酸仅仅存在于微生物活的细胞中，用于识别不同的微生物组成（Dinel et al.，1990）。不同碳数的游离脂肪酸可以识别植物和微生物来源。此外，高分子量脂（如软木脂和角质）可以为识别植物根和叶做出贡献（Feng and Simpson，2011）。

1.1.2　土壤有机质的含量与空间分布

2021 年 10 月 24 日《中共中央 国务院关于完整准确全面贯彻新发展理念做好碳达峰碳中和工作的意见》是为完整、准确、全面贯彻新发展理念，做好碳达峰、碳中和工作而提出的意见，其中提升陆地生态系统碳汇能力是助力我国"碳达峰、碳中和"的主要目标之一。土壤是陆地生态系统最大的碳库，其碳储量是大气和植被的 2～3 倍（Batjes，1996；Janzen，2004）。因此，摸清土壤有机碳的含量与分布是持续提升和巩固土壤有机碳库的首要前提。我国幅员辽阔，土壤资源丰富且类型繁多，主要可以概括为红壤、棕壤、褐土、黑土、漠土以及潮土等 12 个系列（龚子同，2014）。此外，我国国土跨度大，气候类型多样，地势高低与地形差异明显，地区之间耕作方式各不相同，因此土壤有机碳的空间分布差异性巨大。早期研究根据第二次全国土壤普查以及 34111 个土壤剖面发表的数据，评估了我国土壤有机碳的储量与空间分布，研究显示，土壤有机碳密度从 0.73kg C/m² 到 70.79kg C/m²，主要分布在 4～11kg C/m²。此外，有机碳密度呈现从东向西逐步减少，且中国西部地区呈现明显的向南增加的趋势，而华东地区有机碳密度呈现由北向南减少的趋势。其中土壤有机碳密度最高点在中国东北的森林土壤和西藏东南部的亚高山土壤（Wu et al.，2003）。随后，罗梅等于2020年绘制了我国土壤有机碳含量空间分布预测图，东北、东南以及西南是我国土壤有机碳含量较高的地区，东部地区土壤有机碳含量随纬度升高而上升，北部地区随着经度的升高而上升，青藏高原东南地区、云贵高原以及大兴安岭地区是有机碳含量最高的地区，而西北地区有机碳含量普遍偏低（罗梅等，2020；解宪丽等，2004）。

此外，SOM含量沿土壤深度垂直分布而变化。表层SOM含量相对较多，主要归因于较多的动植物残体和植被凋落物的输入，而下层SOM主要来源于表层SOM的淋溶，含量相对较少。早期研究者测定了2473个土壤剖面（包括0～10cm，0～20cm，0～30cm，0～50cm，0～100cm），发现在1m深度土壤有机碳（soil organic carbon，SOC）平均密度从最低裸地的4.65kg/m^{2}到最高草地的17.32kg/m^2，估算其有机碳储量为（82.5±19.5）Pg。其中30cm深度SOC占总有机碳的54%（Wang et al.，2004）。它们的分布主要受土壤类型、耕层质地、土地利用、坡度和地貌类型等因素的影响。另外，SOM含量的高低与分布还受土壤类型和成土母质的影响。当土壤质地由砂变黏、坡度由低变高时，SOM含量逐步升高。在我国，SOM含量较高的土壤主要是东北的草甸土、黑土、黑钙土以及南方的水稻土，相对较低的土壤主要是发育程度低的风沙土、初育土以及滨海盐土（史舟等，2014）。对中国陆地土壤有机碳储量估算及其不确定性的研究表明，中国陆地土壤有机碳储量为50.6～154.0Pg，平均值为（102.3±51.7）Pg；不同估算方法的不确定性在25.5%～30.4%，并指出以往估算不确定性存在的主要原因是所用基础数据和估算方法不同以及估算厚度不同，认为基于GIS数字土壤图，采用标准1m厚度土层，运用不考虑大于2mm砾石含量的碳密度计算公式以及分土层累计计算法是估算中国陆地土壤有机碳储量的最优方法（梁二等，2010）。然而，第二次全国土壤普查已过了40多年，我国耕地利用方式发生巨变，与农业生产相关的土壤性质、剖面性状也发生很大变化，这可能为全国土壤有机碳储量和空间分布的估算增加更多不确定性。2022年2月，国务院印发《国务院关于开展第三次全国土壤普查的通知》，将利用四年时间全面查清农用地土壤质量家底，第三次全国土壤普查的开展将促进土壤的自身健康，实现粮食质和量上的安全；通过促进土壤健康，实现土壤的减污、降碳、提质。

森林、草地和农田是陆地生态系统最主要的三大生态系统。相对其他陆地生态系统，我国的森林在过去几十年里一直扮演着碳汇的角色（Sun and Liu，2020）。其碳储量一部分来自森林植被生物量碳储量和凋落物储量，另一部分来自土壤有机碳的贡献。据报道，森林生态系统植被生物量碳占到全球森林植被碳储量的86%，土壤有机碳占到全球土壤有机碳库的73%（Dixon et al.，1994），主要是因为森林生态系统具有更高的生产力，每年可固定超过陆地生态系统碳总量2/3的碳（王叶和延晓冬，2006）。我国的森林面积位居全球前五，占全国总面积的20.36%。研究表明，由于我国大规模的植树造林，20世纪90年代，其森林面积每年增加200万hm^2，自2000年以来，平均每年增加300万hm^2。植树造林促进大气中更多CO$_2$封存于植被生物量中，并输入土壤，实现长期稳定的固碳效果。草原是世界上分布最广的植被类型之一，占地球陆地面积的25%～45%，约占生态系统总碳的 34%，仅次于森林碳汇（Li et al.，2017；王效科等，2002）。具有休眠能力的草地生态系统的固碳能力仍然是不确定的（Harde，2017）。Prentice 等测算出全球草地生态系统的总碳储量约为 279Pg，植被储量为 27.9Pg，土壤储量为 250.5Pg。草原是大气中 CO_2 的净来源，高达 0.5Pg，比其他生态系统更容易受到影响（Han et al.，2018；Ingrisch et al.，2018；Acharya et al.，2012）。比如，干旱的频率和强度，严重影响着草地生态系统的结构和功能（Ali et al.，2017）。

农田生态系统由于频繁受到人为活动的影响，大部分研究认为农田生态系统是主要的碳源，大量研究以及荟萃（meta）分析发现，当草地或森林生态系统转变为农田生态系统后，土壤有机碳可损失原来的 30%~80%（Wiesmeier et al.，2019）。农田土壤有机碳储量减少的原因主要为土壤侵蚀、有机碳的低输入，耕作等导致的团聚体破坏，导致土壤有机碳失稳。因此，相对自然生态系统，当前农田生态系统的土壤有机碳储量较低，尤其是在云贵高原红壤中，土壤肥力贫瘠，作物产量下降。一些研究发现，增加有机碳的输入会增加土壤有机碳含量，但土壤有机碳含量不会随着有机碳的持续输入一直增加，最终会达到一个碳饱和值，即碳饱和理论（Six et al.，2002）。这一理论概念的提出为提升土壤固碳方向和措施提供了新的思路。高原农田生态系统一方面人为活动干扰频繁，如大量的农药化肥施用、缩短种植周期等；另一方面高原气候（如高温多雨、高山陡坡）因素加速了有机碳的周转，如农田土壤碳循环周转加速，导致农田生态系统存在很大的碳亏缺现象。相较于自然生态系统，农田生态系统在人为调控下短时间内实现固碳能力提升和可持续发展方面具有巨大潜力。显然，探究农田生态系统有机碳储量、周转以及其固碳机制是提升生态系统固碳能力的重要途径。

1.2　土壤有机质的环境意义

尽管 SOM 含量占比不到土壤质量的 5%，但 SOM 仍是土壤非常重要的组成部分，其数量和质量的变化不可避免地影响土壤肥力、生物多样性和生物生产力等陆地生态系统功能（Feng and Simpson，2011，2007）。它既能保留生物体必需的营养物质和水分，改善土壤质量，提高土壤团聚体的占比及其结构稳定性，又能增加土壤肥力，提高农作物产量（Davidson et al.，2006；Feng and Simpson，2007；Breymeyer et al.，1996）。此外，SOM 是各种土壤污染物的重要吸附剂，控制有机污染物在土壤中的迁移、转化和降解等化学和生物过程。

1.2.1　土壤有机质与碳循环

全球气候变暖的危害极其严重，例如，极端天气频发、生物多样性减少、水资源分配失衡、海平面上升及人类粮食安全受到威胁等（Marotzke and Forster，2015；秦大河，2014）。究其原因，全球气候变暖是由于大气中 CO_2 等温室气体排放量急剧增加。1958 年

3月至2023年3月，大气中CO_2浓度从316ppm[①]已上升到421ppm（https://www.co2.earth/）。随着全球经济的不断发展，大气中CO_2等温室气体的排放量还将不断增加，到2050年，全球CO_2累计排放量将直接影响全球经济发展与气候变化的长期趋势（陈华等，2012）。土壤有机碳是陆生生态系统中最重要和最活跃的碳库（Fernández-Catinot et al.，2023），因此，全球碳循环与SOM的周转周期有着密不可分的关系。研究土壤碳循环将是全球碳循环中最重要的环节，对于全球气候变化的调控起着重要的作用，也是直接或间接地影响其他元素循环的关键环节（Six et al.，2006）。

SOM组成和性质在时间和空间尺度上不断发生变化。为了研究SOM的动态变化，研究者尝试建立有机碳的动态模型，从而预测SOM的周转时间。尽管目前已经建立了一些关于SOM周转时间的模型，然而，由于SOM化学组成、结构及来源的复杂性，研究SOM的周转过程往往具有一定局限性。早期比较成熟的模型包括RothC模型、Century模型及DNDC模型等（张月玲，2016；王芸等，2013；姜勇等，2007）。这些模型将土壤有机碳按照一定要求划分为不同的土壤有机碳碳库。比如RothC模型分为易分解植物残体、难分解植物残体、微生物量、物理稳定性土壤有机碳、化学稳定性土壤有机碳（姜勇等，2007）；而Century模型将土壤有机碳假定为活性土壤有机碳（周转周期为0.1~4.5a）、缓性土壤有机碳（周转周期为5~50a）、惰性土壤有机碳（周转周期为50~3000a）（Parton et al.，1987）。这两种模型适用的对象不同，RothC模型由于参数相对简单，在解释不同土地利用方式和土壤管理措施对土壤有机碳变化的影响中有较好的应用（Nieto et al.，2010）。而Century模型多用于不同生态系统土壤有机碳的更替（张月玲，2016）。SOM的周转速率与其组成、结构和其所在环境条件（气候、矿物组成、土壤质地等）密切相关，导致不同模型预测结果存在较大偏差。

随着同位素技术的快速发展，同位素（放射性同位素及稳定性同位素）示踪法被应用于示踪SOM各组分的来源、更替及迁移。然而，它们也依旧存在一定的局限性，放射性同位素示踪法只适用于SOM的短期周转率变化，且在使用过程中费用昂贵，会在一定程度上对人体健康造成潜在的危害（张治国等，2016）。稳定性同位素示踪法不适用于同种植物类型（$\delta^{13}C$相近），加上其半衰期达几千年，对SOM的预测偏差较大（张治国等，2016）。此外，SOM受环境因子（比如温度、海拔等）的影响，同位素还会发生不同程度的分馏，进一步影响其值的测定（Wang et al.，2008）。这些模型及方法的局限性主要还是归因于SOM的非均质性，以及受不同环境因子（植被类型、气候、矿物组成等）的影响。因此，借助分子生物标志物，从分子水平上辨识区域性SOM的来源、更替及降解是评价土壤碳循环与土壤功能性的重要技术手段。

1.2.2 土壤有机质与有机污染控制

持久性有机污染物因其具有长期残留性、生物蓄积性、半挥发性和长距离迁移性及

[①] ppm等于10^{-6}，为体积浓度。

高毒性，对人类健康和生态系统可造成严重危害（Xiao et al.，2012；Hou et al.，2010）。一旦持久性有机污染物进入环境，由于其特殊性质，其在自然环境下难以被生物、化学、光降解，从而在环境中残留数年、几十年甚至更长（Ashraf，2017）。近几十年来，随着人类活动加剧，有机污染物大量进入环境，并在环境中积累、转化，最终影响人体健康。因此，对污染物环境行为的准确认识是对其风险进行客观评价的前提。土壤是控制有机污染物吸附行为的重要因素，特别是憎水性有机污染物。在过去三十年中，有机污染物的环境地球化学行为及风险已成为一个全球性环境问题，受到各个领域如环境地球化学、生态学、毒理学等多学科密切关注。

SOM 对有机污染物特别是憎水性有机污染物的环境行为影响一直是环境地球化学领域研究的热点。在研究者的不断探索过程中，对 SOM 性质与有机污染物的相互作用机理研究有了较为全面的认识。早期研究者利用有机污染物在土壤中的理想分配作用来预测有机污染物的环境行为（Chiou et al.，1998；Kile et al.，1995），但研究者很快意识到对 SOM 的均质性描述在理解有机污染物环境行为方面的局限性（Xing，2001；Karapanagioti et al.，2000）。基于传统的固相分配模式，碳标准化吸附系数 K_{OC}、有机碳含量 f_{OC} 及吸附量依然存在三个数量级的差异（Shi et al.，2007）。随后，很多研究者报道了有机污染物的一系列非理想行为，包括 K_{OC} 的浓度依赖性（即非线性吸附）、慢吸附、竞争吸附、解吸滞后等（Kang and Xing，2005；Xing，2001）。特别是研究者提出的双模式理论（Xing and Pignatello，1997）掀起了 SOM-HOCs 相互作用研究的热潮。近些年来，研究主要集中在 SOM 的元素组成、相对分子质量、芳香度和官能团等结构对有机污染物的吸附行为等方面（Zhang et al.，2016；Pan et al.，2007；Kang and Xing，2005；Salloum et al.，2002）。这些研究证实了 SOM 的异质性特征及其与有机污染物的非理想相互作用的普遍性，并建立了 SOM 性质与有机污染物吸附的关联性，为理解 SOM 的环境功效、有机污染物的行为及风险提供了基本的理论支撑。

然而，在过去二十年里，国内外学者一直致力于利用现代化学分析技术（如元素分析、核磁共振、红外/荧光光谱等方法）表征 SOM 复杂的结构及组分，从而将其异质特性与有机污染物的吸附进行关联。尽管研究者已意识到存在 SOM 的非均质与 HOCs 的非理想相互作用（Kang and Xing，2005；Xing，2001），但是传统化学表征手段获得的 SOM 的不同性质，如极性〔（N＋O）/C〕、芳香性（C/H）和有机碳含量 f_{OC} 仍然不能很好地解释 SOM 与 HOCs 的相互作用及其环境地球化学过程（Smernik and Kookana，2015；Kang and Xing，2005）。比如 SOM 的脂肪族和芳香族组分与有机污染物的相关性依然存在争议。Xing 等（2001）利用 ^{13}C 核磁共振（^{13}C-NMR）定量芳香族组分，证实随着芳香族组分增加，憎水性有机污染物菲及萘的吸附增加。随后，研究者同样利用核磁和红外技术又观察到有机污染物的吸附与富含脂肪族组分有明显的正相关关系（Ran et al.，2007）。Chen 等（2005）研究表明，生物聚合物的极性及构象才是控制有机污染物吸附行为的主要机理。Han 等（2014）提到，SOM 内部存在纳米级孔隙是有机污染物吸附的主要机理之一；而 Zhang 等（2016）则认为，菲的吸附受多组分的共同影响。显然，SOM 与有机污染物的吸附机理并没有得到很好的一致解释。此外，研究者发现，基于传统的固相分配模式碳标准化的吸附系数 K_{OC} 及 f_{OC}、吸附量依然存在三个数量级的差异大小（Shi et al.，

2007）。这一发现进一步说明 HOCs 的吸附很大程度依赖于 SOM 的组成和性质变化。例如，含氧烷基和脂肪族脂类会阻碍 HOCs 在 SOM 上的吸附，这些组分的去除急剧地增加了 HOCs 的吸附（Mitchell and Simpson，2013），然而，有研究报道，脂类的去除并没有显著增加 HOCs 的吸附（Drori et al.，2006）。因此，HOCs 的吸附与脂类的不同性质、来源有关。木质素和炭黑是 SOM 芳香族的主要来源，对 HOCs 具有高吸附性（Jin et al.，2018）。一个重要的原因是，SOM 在环境中的行为是一个动态变化的过程，其组成与结构会受不同母源物质（植被类型、微生物等）及环境因子（气候、矿物组成分、pH 等）的作用发生变化。而目前，传统的化学表征手段并不能有效地示踪这些特定 SOM 组分的性质变化，只能对 SOM 的整体特性进行描述，比如 ^{13}C-NMR 和傅里叶红外光谱（Fourier transform infrared spectrometer，FTIR）测得的 SOM 结构可能来源于不同 SOM 组成的重叠，另外 SOM 组成的微小变化并不能得到很好的响应（Feng and Simpson，2011）。又比如，由于木质素的官能团覆盖了宽的吸收峰的化学位移范围，^{13}C-NMR 并不能很好地识别木质素的降解程度（Simpson et al.，2008）。因此，SOM 总体特征的性质参数并不能很好地描述环境中 SOM 的异质性与吸附特征之间的关系。他们的非理想相互作用如何与 SOM 的性质相关联，至今也没有明显的进展，SOM 与有机污染物相互作用研究也因此陷入瓶颈。因此，SOM 性质的动态描述是该领域的一个关键科学问题，是更加准确研究污染物与其相互作用，并开展环境行为预测工作的一个突破口。

1.3　本　章　小　结

本章主要介绍 SOM 的来源、组成和分布以及其主要的环境意义，重点阐述了 SOM 的形成尤其是其经典的腐殖化理论的形成以及目前对其形成理论和组成存在的争议，系统介绍了 SOM 与碳循环、有机污染物的相互作用的研究进展，并指出对 SOM 组成和性质的动态描述可能成为深入研究 SOM 与污染物相互作用的重要视角。

参 考 文 献

陈华，诸大建，邹丽，2012. 全球主要国家的二氧化碳排放空间研究：基于生态-公平-效率模型. 东北大学学报（社会科学版），14（2）：119-124.

龚子同，2014. 中国土壤地理. 北京：科学出版社.

姜勇，庄秋丽，梁文举，2007. 农田生态系统土壤有机碳库及其影响因子. 生态学杂志，26（2）：278-285.

兰文婷，张蓉，王毅豪，等，2016. 纤维素复合膜制备工艺研究进展. 化工新型材料，44（11）：23-25.

李浩成，左应梅，杨绍兵，等，2020. 三七根系分泌物在连作障碍中的生态效应及缓解方法. 中国农业科技导报，22（8）：159-167.

李天杰，郑应顺，王云，1983. 土壤地理学. 2 版. 北京：高等教育出版社.

梁二，蔡典雄，王丁辰，等，2010. 中国陆地土壤有机碳储量估算及其不确定性分析. 中国土壤与肥料，（6）：75-79.

史舟，王乾龙，彭杰，等，2014. 中国主要土壤高光谱反射特性分类与有机质光谱预测模型. 中国科学（地球科学），44（5）：978-988.

刘宁，何红波，解宏图，等，2011. 土壤中木质素的研究进展. 土壤通报，42（4）：991-996.

罗梅，郭龙，张海涛，等，2020. 基于环境变量的中国土壤有机碳空间分布特征. 土壤学报，57（1）：48-59.

秦大河，2014. 气候变化科学与人类可持续发展. 地理科学进展，33（7）：874-883.

渠晨晨，任稳燕，李秀秀，等，2022. 重新认识土壤有机质. 科学通报，67（10）：913-923.

田秋香，张彬，何红波，等，2013. 长白山不同海拔梯度森林土壤中性糖分布特征. 应用生态学报，24（7）：1777-1783.

万晓华，黄志群，2013. 植物标志物在森林土壤碳循环研究中的应用. 土壤学报，50（6）：1207-1215.

王林江，刘廷吉，林则鑫，等，2021. 土壤-作物系统重金属迁移转化研究进展. 安徽农学通报，27（22）：147-154.

王效科，白艳莹，欧阳志云，等，2002. 全球碳循环中的失汇及其形成原因. 生态学报，22（1）：94-103.

王叶，延晓冬，2006. 全球气候变化对中国森林生态系统的影响.大气科学，30（5）：1009-1018.

王芸，赵中秋，王怀泉，等，2013. 土壤有机碳库与其影响因素研究进展. 山西农业大学学报（自然科学版），33（3）：262-268.

吴述平，2014. 半纤维素—壳聚糖基生物功能材料研究及其应用. 武汉：武汉大学.

武丽萍，曾宪成，2012. 煤炭腐植酸与土壤腐殖酸性能对比研究. 腐植酸，（3）：1-10，21.

肖迪，2012. 菲及其降解中间产物在土壤/沉积物上的吸附特征比较. 昆明：昆明理工大学.

解宪丽，孙波，周慧珍，等，2004. 中国土壤有机碳密度和储量的估算与空间分布分析. 土壤学报，41（1）：35-43.

翟凯燕，马婷瑶，金雪梅，等，2017. 间伐对马尾松人工林土壤活性有机碳的影响. 生态学杂志，36（3）：609-615.

张月玲，2016. 黑土壤剖面有机质周转及其控制机制的分子证据. 北京：中国农业大学.

张治国，胡友彪，郑永红，等，2016. 陆地土壤碳循环研究进展. 水土保持通报，36（4）：339-345.

Acharya B S，Rasmussen J，Friksen J，2012. Grassland carbon sequestration and emissions following cultivation in a mixed crop rotation. Agriculture，Ecosystems & Environment，153：33-39.

Adeleke R，Nwangburuka C，Oboirien B，2017. Origins，roles and fate of organic acids in soils：a review. South African Journal of Botany，108：393-406.

Adeleke R A，Cloete T E，Bertrand A，et al.，2012. Iron ore weathering potentials of ectomycorrhizal plants. Mycorrhiza，22（7）：535-544.

Ali Z，Hussain I，Faisal M，et al.，2017. A novel multi-scalar drought index for monitoring drought：the standardized precipitation temperature index. Water Resources Management，31（15）：4957-4969.

Amelung W，Cheshire M V，Guggenberger G，1996. Determination of neutral and acidic sugars in soil by capillary gas-liquid chromatography after trifluoroacetic acid hydrolysis.Soil Biology and Biochemistry，28（12）：1631-1639.

Anderson T H，Joergensen R G，1997. Relationship between SIR and FE estimates of microbial biomass C in deciduous forest soils at different pH. Soil Biology and Biochemistry，29（7）：1033-1042.

Angst G，Mueller K E，Nierop K G J，et al.，2021. Plant-or microbial-derived？ A review on the molecular composition of stabilized soil organic matter. Soil Biology and Biochemistry，156：108189.

Asakawa D，Kiyota T，Yanagi Y，et al.，2008. Optimization of conditions for high-performance size-exclusion chromatography of different soil humic acids. Analytical Sciences，24（5）：607-613.

Ashraf M A，2017. Persistent organic pollutants（POPs）：a global issue，a global challenge. Environmental Science and Pollution Research International，24（5）：4223-4227.

Barder M J，Crawford D L，1981. Effects of carbon and nitrogen supplementation on lignin and cellulose decomposition by a *Streptomyces*. Canadian Journal of Microbiology，27（8）：859-863.

Batjes N H，1996. Total carbon and nitrogen in the soils of the world. European Journal of Soil Science，47（2）：151-163.

Breymeyer A I，Hall D O，Melillo J M，et al.，1996. Global change：effects on coniferous forests and grasslands. Hoboken：Wiley.

Cao X Y，Schmidt-Rohr K，2018. Abundant nonprotonated aromatic and oxygen-bonded carbons make humic substances distinct from biopolymers. Environmental Science & Technology Letters，5（8）：476-480.

Chen B L，Johnson E J，Chefetz B，et al.，2005. Sorption of polar and nonpolar aromatic organic contaminants by plant cuticular materials：role of polarity and accessibility. Environmental Science & Technology，39（16）：6138-6146.

Chiou C T，McGroddy S E，Kile D E，1998. Partition characteristics of polycyclic aromatic hydrocarbons on soils and sediments. Environmental Science & Technology，32（2）：264-269.

Crow S，Lajtha K，Filley T R，et al.，2009. Sources of plant-derived carbon and stability of organic matter in soil：implications for global change. Global Change Biology. 15（8）：2003-2019.

Datta R，Kelkar A，Baraniya D，et al.，2017. Enzymatic degradation of lignin in soil：a review. Sustainability，9（7）：1163.

Davidson E A，Janssens I A，Luo Y Q，2006. On the variability of respiration in terrestrial ecosystems：moving beyond Q_{10}. Global Change Biology，12（2）：154-164.

De Leeuw J W，Largeau C，1993. A review of macromolecular organic compounds that comprise living organisms and their role in kerogen，coal，and petroleum formation//Topics in Geobiology. Cham：Springer Nature.

Dinel H，Schnitzer M，Mehuys G R，1990. Soil lipids：origin，nature，content，decomposition，and effect on soil physical properties//Bollag J M. Soil Biochemistry. London：Routledge.

Dixon R K，Solomon A M，Brown S，et al.，1994. Carbon pools and flux of global forest ecosystems. Science，263（5144）：185-190.

Drori Y，Lam B，Simpson A，et al.，2006. The role of lipids on sorption characteristics of freshwater-and wastewater-irrigated soils. Journal of Environmental Quality，35（6）：2154-2161.

Dubach P，Mehta N C，Jakab T，et al.，1964. Chemical investigations on soil humic substances. Geochimica et Cosmochimica Acta，28（10/11）：1567-1578.

Feng X J，Simpson M J，2011. Molecular-level methods for monitoring soil organic matter responses to global climate change. Journal of Environmental Monitoring，13（5）：1246-1254.

Feng X J，Simpson M J，2007. The distribution and degradation of biomarkers in Alberta grassland soil profiles. Organic Geochemistry，38（9）：1558-1570.

Fernández-Catinot F，Pestoni S，Gallardo N，et al.，2023. No detectable upper limit when predicting soil mineral-associated organic carbon stabilization capacity in temperate grassland of Central Argentina mountains. Geoderma Regional，35：e00722.

Gleixner G，Czimczik C J，Kramer C，et al.，2001. Plant compounds and their turnover and stability as soil organic matter. Global Biogeochemical Cycles in the Climate System，201-215.

Han D M，Wang G Q，Liu T X，et al.，2018. Hydroclimatic response of evapotranspiration partitioning to prolonged droughts in semiarid grassland. Journal of Hydrology，563：766-777.

Han L F，Sun K，Jin J，et al.，2014. Role of structure and microporosity in phenanthrene sorption by natural and engineered organic matter. Environmental Science & Technology，48（19）：11227-11234.

Harde H，2017. Scrutinizing the carbon cycle and CO_2 residence time in the atmosphere. Global and Planetary Change，152：19-26.

Hatcher P G，Waggoner D C，Chen H M，2019. Evidence for the existence of humic acids in peat soils based on solid-state ^{13}C NMR. Journal of Environmental Quality，48（6）：1571-1577.

Hayes M H B，Tseng T Y，Wang M K，2007. Chemistry of soil organic matter. Taiwan Journal of Forest Science，22（3）：215-226.

Hou J，Pan B，Niu X K，et al.，2010. Sulfamethoxazole sorption by sediment fractions in comparison to pyrene and bisphenol A. Environmental Pollution，158（9）：2826-2832.

Ingrisch J，Karlowsky S，Anadon-Rosell A，et al.，2018. Land use alters the drought responses of productivity and CO_2 fluxes in mountain grassland. Ecosystems，21（4）：689-703.

Janzen H H，2004. Carbon cycling in earth systems-a soil science perspective. Agriculture，Ecosystems & Environment，104（3）：399-417.

Jin J，Sun K，Yang Y，et al.，2018. Comparison between soil-and biochar-derived humic acids：composition，conformation，and phenanthrene sorption. Environmental Science & Technology，52（4）：1880-1888.

Jolivet C，Angers D，Chantigny M，et al.，2006. Carbohydrate dynamics in particle-size fractions of sandy spodosols following forest conversion to maize cropping. Soil Biology and Biochemistry，38（9）：2834-2842.

Jones D L，Dennis P G，Owen A G，et al.，2003. Organic acid behavior in soils-misconceptions and knowledge gaps. Plant and Soil，248（1）：31-41.

Kang S，Xing B S，2005. Phenanthrene sorption to sequentially extracted soil humic acids and humins. Environmental Science & Technology，39（1）：134-140.

Karapanagioti H K，Kleineidam S，Sabatini D A，et al.，2000. Impacts of heterogeneous organic matter on phenanthrene sorption：equilibrium and kinetic studies with aquifer material. Environmental Science & Technology，34（3）：406-414.

Kile D E，Chiou C T，Zhou H D，et al.，1995. Partition of nonpolar organic pollutants from water to soil and sediment organic matters. Environmental Science & Technology，29（5）：1401-1406.

Kögel-Knabner I，2002. The macromolecular organic composition of plant and microbial residues as inputs to soil organic matter. Soil Biology and Biochemistry，34（2）：139-162.

Kononova M M，1966. Soil organic matter：Its nature，its role in soil formation and in soil fertility. Oxford：Pergammon Press.

Lawrence C，Harden J，Maher K，2014. Modeling the influence of organic acids on soil weathering. Geochimica et Cosmochimica Acta，139：487-507.

Lehmann J，Kleber M，2015. The contentious nature of soil organic matter. Nature，528：60-68.

Lehmann J，Solomon D，Kinyangi J，et al.，2008. Spatial complexity of soil organic matter forms at nanometre scales. Nature Geoscience，1：238-242.

Li Y F，Liu Y，Harris P，et al.，2017. Assessment of soil water，carbon and nitrogen cycling in reseeded grassland on the North Wyke Farm Platform using a process-based model. Science of the Total Environment，603-604：27-37.

Liang C，Cheng G，Wixon D L，et al.，2011. An absorbing markov chain approach to understanding the microbial role in soil carbon stabilization. Biogeochemistry，106（3）：303-309.

Liang C，Schimel J P，Jastrow J D，2017. The importance of anabolism in microbial control over soil carbon storage. Nature Microbiology，2（8）：17105.

Marotzke J，Forster P M，2015. Forcing，feedback and internal variability in global temperature trends. Nature，517：565-570.

Martens D A，Loeffelmann K L，2002. Improved accounting of carbohydrate carbon from plants and soils. Soil Biology and Biochemistry，34（10）：1393-1399.

Mitchell P J，Simpson M J，2013. High affinity sorption domains in soil are blocked by polar soil organic matter components. Environmental Science & Technology，47（1）：412-419.

Myneni S C B，Brown J T，Martinez G A，et al.，1999. Imaging of humic substance macromolecular structures in water and soils. Science，286（5443）：1335-1337.

Nacro H B，Larré-Larrouy M C，Feller C，et al.，2005. Hydrolysable carbohydrate in tropical soils under adjacent forest and savanna vegetation in Lamto，Côte d'Ivoire. Soil Research，43（6）：705-711.

Navarrete I A，Tsutsuki K，2008. Land-use impact on soil carbon，nitrogen，neutral sugar composition and related chemical properties in a degraded Ultisol in Leyte，Philippines. Soil Science and Plant Nutrition，54（3）：321-331.

Nieto O M，Castro J，Fernández E，et al.，2010. Simulation of soil organic carbon stocks in a Mediterranean olive grove under different soil-management systems using the RothC model. Soil Use and Management，26（2）：118-125.

Page H J，2009. Studies on the carbon and nitrogen cycles in the soil. V. the origin of the humic matter of the soil.（with three text-figures.）. The Journal of Agricultural Science，22（2）：291-296.

Pan B，Xing B S，Tao S，et al.，2007. Effect of physical forms of soil organic matter on phenanthrene sorption. Chemosphere，68（7）：1262-1269.

Parton W J，Schimel D S，Cole C V，et al.，1987. Analysis of factors controlling soil organic matter levels in great Plains grasslands. Soil Science Society of America Journal，51（5）：1173-1179.

Paul E A，2016. The nature and dynamics of soil organic matter：plant inputs，microbial transformations，and organic matter stabilization. Soil Biology and Biochemistry，98：109-126.

Peberdy J F，1990. Fungal cell walls：a review//Kuhn P J，Trinci A P J，Jung M J，et al.，Biochemistry of Cell Walls and Membranes in Fungi. Berlin：Springer.

Perminova I V，Frimmel F H，Kudryavtsev A V，et al.，2003. Molecular weight characteristics of humic substances from different environments as determined by size exclusion chromatography and their statistical evaluation. Environmental Science & Technology，37（11）：2477-2485.

Piccolo A，2001. The supramolecular structure of humic substances. Soil Science，166（11）：810-832.

Pisani O，Haddix M L，Conant R T，et al.，2016. Molecular composition of soil organic matter with land-use change along a bi-continental mean annual temperature gradient. Science of the Total Environment，573：470-480.

Post W M，Kwon K C，2000. Soil carbon sequestration and land-use change：processes and potential. Global Change Biology，6（3）：317-327.

Prentice I C，Heimann M，Sitch S，2000. The carbon balance of the terrestrial biosphere：ecosystem models and atmospheric observations. Ecological Applications，10（6）：1553-1573.

Ran Y，Sun K，Yang Y，et al.，2007. Strong sorption of phenanthrene by condensed organic matter in soils and sediments. Environmental Science & Technology，41（11）：3952-3958.

Redmile-Gordon M A，Brookes P C，Evershed R P，et al.，2014. Extraction and measurement of extracellular polymeric substances（EPS）from soil biofilms：The soil-microbial interface. Soil Biology and Biochemistry，72：163-171.

Richard C，Coelho C，Guyot G，et al.，2011. Fluorescence properties of the＜5kDa molecular size fractions of a soil humic acid. Geoderma，163（1-2）：24-29.

Salloum M J，Chefetz B，Hatcher P G，2002. Phenanthrene sorption by aliphatic-rich natural organic matter. Environmental Science & Technology，36（9）：1953-1958.

Schmidt M W I，Torn M S，Abiven S，et al.，2011. Persistence of soil organic matter as an ecosystem property. Nature，478：49-56.

Shi Z，Tao S，Pan B，et al.，2007. Partitioning and source diagnostics of polycyclic aromatic hydrocarbons in rivers in Tianjin，China. Environmental Pollution，146（2）：492-500.

Simpson M J，Otto A，Feng X J，2008. Comparison of solid-state carbon-13 nuclear magnetic resonance and organic matter biomarkers for assessing soil organic matter degradation. Soil Science Society of America Journal，72（1）：268-276.

Six J，Conant R T，Paul E A，et al.，2002. Stabilization mechanisms of soil organic matter：Implications for C-saturation of soils. Plant and Soil，241（2）：155-176.

Six J，Frey S D，Thiet R K，et al.，2006. Bacterial and fungal contributions to carbon sequestration in agroecosystems. Soil Science Society of America Journal，70（2）：555-569.

Smernik R J，Kookana R S，2015. The effects of organic matter-mineral interactions and organic matter chemistry on diuron sorption across a diverse range of soils. Chemosphere，119：99-104.

Sun W L，Liu X H，2020. Review on carbon storage estimation of forest ecosystem and applications in China. Forest Ecosystems，7：4.

Swift M J，Heal O W，Anderson J M，1979. Decomposition in terrestrial ecosystems. Environmental Science，Biology，56：2772-2774.

Tinsley J，Darbyshire J F，1984. Soil organic matter and structural stability：mechanisms and implications for management. Plant and Soil，76：319-337.

Walker J C，1991. Biogeochemical cycles. Science，253：686-687.

Wang G，Feng X，Han J，et al.，2008. Paleovegetation reconstruction using δ^{13}C of soil organic matter. Biogeosciences Discussions，5（5）：1325-1337.

Wang S，Huang M，Shao X M，et al.，2004. Vertical distribution of soil organic carbon in China. Environmental Management，33（1）：S200-S209.

Wiesmeier M，Urbanski L，Hobley E，et al.，2019. Soil organic carbon storage as a key function of soils-a review of drivers and indicators at various scales. Geoderma，333：149-162.

Wu H B，Guo Z T，Peng C H，2003. Distribution and storage of soil organic carbon in China. Global Biogeochemical Cycles，17（2）：1048.

Xiao D，Pan B，Wu M，et al.，2012. Sorption comparison between phenanthrene and its degradation intermediates，9，10-phenanthrenequinone and 9-phenanthrol in soils/sediments. Chemosphere，86（2）：183-189.

Xing B，2001. Sorption of naphthalene and phenanthrene by soil humic acids. Environmental Pollution，111（2）：303-309.

Xing B S，Pignatello J J，1997. Dual-mode sorption of low-polarity compounds in glassy poly（vinyl chloride）and soil organic matter. Environmental Science & Technology，31（3）：792-799.

Xu G，Shao H B，Xu R F，et al.，2012. The role of root-released organic acids and anions in phosphorus transformations in a sandy loam soil from Yantai，China. African Journal of Microbiology Research，6（3）：674-679.

Yang K，Yu J，2014. The research progress of soil polysaccharide. Chinese Agricultural Science Bulletin，30（36）：222-225.

Zhang D N，Duan D D，Huang Y D，et al.，2016. Novel phenanthrene sorption mechanism by two pollens and their fractions. Environmental Science & Technology，50（14）：7305-7314.

Zhao X B，Zhang L H，Liu D H，2012. Biomass recalcitrance. Part I: the chemical compositions and physical structures affecting the enzymatic hydrolysis of lignocellulose. Biofuels，Bioproducts and Biorefining，6（4）：465-482.

第 2 章　土壤有机质稳定性研究

2.1　土壤稳态碳的概念

SOM 的稳定性研究是理解土壤碳周转和土壤固碳的重要前提。SOM 包含了不稳定的有机碳和稳定的有机碳。稳定的有机碳周转时间可达 100～10000a 之久，是不稳定的有机碳的 1000 倍以上（Kleber et al.，2015），这些相对稳定的有机碳比不稳定的有机碳在总土壤碳库中所占的比例要大得多（Davidson and Janssens，2006）。目前，SOM 的稳定机制主要归纳为三类：①生物化学保护，SOM 本身化学结构难降解而导致的碳稳定（分子不易被微生物利用）（Lorenz et al.，2007；Six et al.，2002）；②化学保护，SOM 与矿物颗粒通过化学等相互作用形成有机无机复合体而稳定（Keil and Mayer，2014；Christensen，2001；Baldock and Skjemstad，2000）；③物理保护，通过团聚体的物理包裹，阻碍微生物与有机质的接触，有限的 O_2 使得 SOM 降解缓慢（Marschner et al.，2008）。尽管在不同的环境场景下，SOM 稳定性的主导机制可能不同，但这三个稳定机制在理解土壤稳态碳的识别和调控中至关重要，缺一不可。本章重点从有机碳的分子抗性、矿物对有机质的保护、土壤团聚体对有机质的保护展开讨论。

2.2　分　子　抗　性

一些 SOM 由于某些分子性质构成了"内在抗逆性"（intrinsic recalcitrance）而能够抵抗微生物或酶的分解，称分子抗性。相对易降解组分，这些分子往往被认为是惰性或周转时间缓慢的化合物。从能量、氧化状态以及分子大小上也可以进一步认识分子抗性。从活化能（activation energy）来看，有机分子中释放一个碳原子为 CO_2 所需的酶促步骤数称为质量（quality）。一般酶促步骤数多，则代表低质量有机质，意味着需要更高的活化能。因此，相对高质量有机质，低质量有机质具有更高的分子抗性（Fierer et al.，2005；Bosatta and Ågren，1999）。从结合能（bond energy）来看，储存在化合键中的能量在氧化、燃烧后被释放出来，释放的能量越多，则代表这些有机质是高能量（energy-rich）的有机质。一般地，释放的能量越多，有机质越不稳定（Talbot et al.，2008）。从平均氧化态（mean oxidation state）来看，有机质的氧化态越低表明越容易被微生物分解（Hockaday et al.，2009；Masiello et al.，2008）。从分子大小（molecular size）来看，分子量越大越难穿透微生物细胞，越不能被胞外酶分解，其有机质越稳定。但有机质的分子抗性并不是绝对的而是相对的，研究者认为，土壤微生物群落可以分解自然界任何来源的有机质（Lützow et al.，2006）。此外，Lützow 等（2006）将分子抗性区分为初级抗性和次级抗性，前者是指植物凋落物和根际沉积物的固有分子抗性，如木质素、多酚和蜡质，一般来说，木质素、多酚和蜡质含量越高，木质素：N（质量比）和 C：N（质量比）比值越高，植物凋落物分解越慢。大部分研究认为，初级抗性主要控制植物凋落物的早期分解。次级抗性包括次生微生物合成、腐殖质聚合物和热裂解的材料分子抗性。Liang 等（2017）提出"微生物碳泵"，指出微生物可以将易降解有机碳作为碳源，经同化作用将其合成为自身的生物量和代谢产物，其死亡后，转变为微生物残体碳并积累在土壤中，这些微生物残体碳组分包含难降解组分几丁质、黑色素、胞壁质等，具有较高的分子抗性。此外，传统的腐殖质化经典理论认为，腐殖质聚合物是由植物残留物的聚合物部分分解，再经缩合和聚合反应形成，这些聚合物也能相对稳定存在。目前被研究者广泛关注的火成碳（pyrogenic carbon，PyC），即主要是生物质在缺氧/厌氧条件热解产生的固体产物。这一类碳既可能在森林火灾等天然过程中产生，也可能随着人类活动，通过石化燃料或者秸秆燃烧等进入环境，包括烟炱（soot）、焦炭（char）、黑炭（black carbon）、生物炭（biochar，BC）等一系列热解碳（Bird et al.，2015）。一般土壤有机碳的更替周期为 25～110a（Schmidt et al.，2011），而 PyC 的更替周期可以达到 1600～3500a（Bird et al.，2015）。PyC 稳定性的一个决定性性质是芳香碳结构，它包括无定形相（随机组织的芳香环）和结晶相（缩合的多芳香层）两种结构（Wiedemeier et al.，2015）。PyC 的芳香性和/或芳香缩合度可以指示 PyC 在土壤中的生物和非生物降解性（Singh et al.，2012）。高的芳香性和/或芳香缩合度表明 PyC 的稳定性高，因此，芳香性和/或芳香缩合度是判断 PyC 在环境中持久性的重要因素。

此外，有机质的分子抗性还可以从操作层面进行区分，通过抗生物降解法、抗酸水解法、抗碱水解法以及抗化学氧化法等处理方法评估有机质的分子抗性。①抗生物降解法：通过土壤呼吸培养实验，将一些有机质快速矿化，随后矿化速率降低，不稳定的有机质会被优先矿化，稳定的有机质被选择性保留；②抗酸水解法：利用 6mol/L HCl 进行水解反应后，剩余的不可水解的有机质被认为是相对稳定的；③抗碱水解法：通过 0.5mol/L NaOH 提取有机质，不溶于碱的有机质具有更高的稳定性，如胡敏素；④抗化学氧化法：利用常见的化学氧化剂重铬酸盐（$K_2Cr_2O_7$）、过氧化氢（H_2O_2）和高锰酸钾（$KMnO_4$）去除有机质中不稳定的碳组分，留下稳定的碳组分。

2.3　矿物对有机质的保护

2.3.1　土壤矿物对有机质的吸附机理

矿物-有机质复合体的形成被认为是土壤碳稳定的重要机制，也是形成土壤结构的最小单元。土壤矿物是土壤中具有一定化学成分和物理性质的各种原生矿物和次生矿物的总称。其中对 SOM 具有吸附和固定作用的主要是次生矿物，目前被广泛研究的次生矿物主要包括金属氧化物、次生的黏土矿物。2：1 型膨胀黏土矿物吸水后可膨胀，从而具有较大的内表面积，同晶置换使其表面具有永久负电荷，再通过层间域吸附金属阳离子使电性中和（Zhu et al.，2016）。1：1 型非膨胀黏土矿物的层间由氢键连接，以外表面为主且比表面积小。除此之外，黏土矿物的边面也因具有羟基而带可变电荷（Barré et al.，2014），即使在中性和碱性条件下，黏土矿物整体带负电荷时，此类羟基也可能仍携带正电荷（Awad et al.，2019）。铁（氢）氧化物则是土壤矿物常见的金属氧化物，其表面为与羟基结合的 Fe（III），因此在中性条件下带正电荷。结晶状态的铁（氢）氧化物具有较小的比表面积和孔体积，而短程有序态新生成的铁（氢）氧化物则具有较大的比表面积和巨大的有机质吸附潜力。从有机质角度讨论，吸附量主要影响因素包括有机质电性、分子量和极性。有机质中羧基在较高 pH 条件下解离，使有机质分子携带负电荷；氨基在较低 pH 条件下质子化，使有机质分子携带正电荷；分子量决定有机质能否进入 1∶2 型黏土矿物层间，同时影响有机质与矿物结合时所占据的活性位点数量；分子极性则反映有机质形成氢键的能力和其在矿物表面亲水微区与疏水微区间的分布。黏土矿物和金属氧化物（如铁铝氧化物）对有机质的吸附机制已被广泛报道。其吸附机理主要包括配体交换、疏水作用、范德瓦耳斯力、静电作用、离子交换和阳离子桥，具体与矿物和有机质的类型、表面性质有关。

1. 配体交换

配体交换主要是指有机质的羧基、醇基、酚羟基等酸性官能团与矿物表面的羟基通过配位反应形成络合物。已有研究表明，配体交换作用是铁铝氧化物吸附有机质的主要方式。影响配体交换作用的因素主要是有机质的酸性官能团以及矿物表面的羟基数量和排列方式。研究表明，具有较高极性的芳香族、含氮脂肪族以及类木质素分子对水铁矿表面具有优先亲和力，其中最主要的机制是由于配体作用形成的内圈"有机质-氧化物"。且有研究证明，配体交换作用形成的内圈（inner-sphere）"有机质-氧化物"络合体较外圈（outer-sphere）的络合体更稳定（Oren and Chefetz，2012）；富里酸具有较多的酸性基团，较胡敏酸在赤铁矿上的吸附更高。黏土矿物破碎边缘的硅羟基和铝羟基可与有机质形成较强的配体交换作用，其强度能与化学键相比（Barré et al.，2014）。因此，配体交换作用是矿物对有机质吸附的最重要机制。

2. 阳离子桥

土壤黏土矿物往往由于同晶置换而带上永久负电荷，例如，次硅铝酸盐矿物（如蒙脱石）的硅氧四面体中的 Si 常被低价态 Al 和 Mg 同晶替换，铝氧八面体中的 Al 可被 Mg 或 Fe 同晶置换，因此表面具有永久负电荷。此外，黏土矿物的边面也因具有羟基而带可变负电荷，有机质因不同的含氧官能团带可变电荷。在多价阳离子存在情况下，可以在带负电荷的矿物表面和有机质的阴离子或极性官能团（氨基、羰基、羧基或羟基）之间形成架桥，起到连接作用，这种作用称为阳离子桥作用。一般情况下，阳离子的化合价越高，越容易形成阳离子桥。阳离子桥所涉及的机制是多种多样的，可能包括氢键以及外层和内层络合。当强螯合过渡金属（例如 Cu）占据硅氧烷表面的交换位点时，可以形成内圈配合物（Fakhreddine and Fendorf，2021）。与中性和碱性土壤中占主导地位的 Ca^{2+} 和 Mg^{2+} 相比，Al^{3+} 和 Fe^{3+} 的水解物种在酸性土壤的层硅酸盐交换位点占优势，在与有机配体形成强内圈配合物方面要有效得多（Lützow et al.，2006）。在带电的硅氧烷表面和有机配体的芳香族 π 电子系统之间也可以建立阳离子桥（即阳离子-π 相互作用）（Galicia-Andrés et al.，2021）。

3. 弱相互作用

疏水作用是"熵驱动"下的非极性基团作用，有机质中一些非极性组分具有憎水性，导致其远离水分子，促使其吸附在矿物的表面。与 2∶1 型黏土矿物相比，1∶1 型黏土矿物很少有同晶置换，因此，其硅烷氧表面是疏水的，其疏水区域可以通过疏水作用与非极性有机基团（如烷基/芳香碳官能团）相互作用。其他弱相互作用力如静电作用力和范德瓦耳斯力也在吸附中起着重要作用。土壤矿物（主要是黏土矿物或铁/铝氧化物和氢氧化物）的永久和可变电荷引起这些矿物与有机物官能团的相互作用，特别是蛋白质，由于其两亲性，即含有亲水性和疏水性成分，具有与矿物表面通过疏水作用/氢键等强烈结合的倾向。pH 会影响矿物表面的等电点，从而影响矿物对有机质的吸附。当 pH 低于矿物的等电点时，矿物表面拥有更多的正电荷，有利于吸附带负电的有机质。

2.3.2　矿物结合态有机质

为了理解土壤矿物对有机质的保护，研究者将 SOM 分为矿物结合态有机质（mineral-associated organic matter，MAOM）和颗粒态有机质（particulate organic matter，POM）（Lavallee et al.，2020）。一般来说，POM 主要由分解程度低的轻质碎片组成，而 MAOM 则由直接从植物中浸出的单分子或微观有机物质碎片组成或由土壤微生物转化而来。MAOM 通过与土壤矿物颗粒结合而不被分解，而 POM 则并未与矿物颗粒发生相互作用（Lavallee et al.，2020）。与矿物的结合包括 SOM 与矿物表面之间形成化学键或 SOM 进入矿物微孔或小聚集体（50~63μm）内，这些作用都能使 SOM 难以被分解者及其酶接近（Kleber et al.，2015）。MAOM 通过密度分级法进行分离获得。从定义来看，土壤中 MAOM 的密度大于 $1.85g/cm^3$，称为重组分；而 POM 的密度普遍低于 $1.85g/cm^3$，称为轻组分。

POM 向 MAOM 转化是植物源有机质向稳定 SOM 转化的重要过程，微生物在这一过程中扮演了重要角色，其可以通过"体内周转"和"体外周转"促进 POM 转化为 MAOM。MAOM 的形成途径主要分为三种：①由于微生物大部分附着在矿物颗粒上，微生物将 POM 作为碳源，经同化代谢产物直接与矿物表面结合，形成 MAOM；②凋落物/植物根系小分子分泌物直接释放淋溶到矿物表面被吸附，形成 MAOM；③微生物通过胞外酶不断分解难降解植物源大分子，使其转化为小分子后，被矿物接触吸附。因此，MAOM 上结合的有机质既可能来源于微生物源有机质（organic matter，OM），也可以是植物源 OM。这也是微生物源 OM 能够在土壤中持久稳定的重要途径之一。研究者发现，作为微生物细胞壁的主要组成部分，蛋白质在不同的土地利用方式或土壤深度下，微生物来源的氨基糖和中性糖随着粒径减小而大量富集。粒径微生物衍生的氨基糖和中性糖随着矿物粒度的减小而富集（特别是在黏粒 MAOM 中），即矿物活性表面增加。研究还发现，在森林土壤的 MAOM 中，^{14}C 年龄与微生物衍生的中性糖的数量之间存在很强的相关性，进一步表明微生物残体能在矿物上长时间保留。此外，MAOM 上富集更多的微生物残体碳也可能是因为微生物群落有利于栖息在黏土表面之间的微孔中，从而减小微生物与其底物之间以及微生物残体碳和矿物吸附位点之间的距离（Wei et al.，2014），甚至有研究者利用先进的核磁共振方法发现细菌细胞可以直接通过生成生物膜非特异性地附着在黏土表面（Olivelli et al.，2020）。植物源 OM，比如木质素，更多地存在于 POM，而非 MAOM。只有木质素被解聚后才可能与矿物表面结合，这也部分解释了 MAOM 上的木质素的氧化程度普遍较高的原因。此外，植物源中性糖分子（阿拉伯糖和木糖，主要来源于半纤维素）以及植物源脂类含量也会随着粒径的减小而降低。但相对木质素而言，植物源中性糖和植物源脂类对 MAOM 的贡献更高。因此，最近许多研究都强调微生物残体碳对稳定的 SOM 的贡献，这似乎低估了植物源 OM 对矿物表面的直接吸附途径。Sokol 等（2019）指出，在微生物活动密集区域（high microbial density）（例如，根际或其他微生物热点区）形成 MAOM 的有机质主要依赖于微生物通过体内转化形成微生物残体的贡献；而在微生物活动低的区域（low microbial density），形成 MAOM 的有机质主要来源于部分分解的植物源 OM 的贡献。但目前 MAOM 上的稳态碳的来源仍存在很多不确定性，主要与土壤理化特性、土壤动物、微生物群落组成、土地利用方式以及外源碳的输入有关。

2.4　土壤团聚体对有机质的保护

2.4.1　土壤团聚体的形成

土壤团聚体是土壤结构的基本单元，是土壤的重要组成部分（刘满强等，2007）。表土中近 90% 的土壤有机碳位于团聚体内，因此土壤团聚体长久以来被作为土壤结构稳定性的替代指标（Cooper et al.，2021；Jastrow and Miller，1998）。土壤团聚体也是土壤有机碳稳定的重要机制，它在空间上通过物理包裹隔离有机质与生物的接触，避免有机质的降解，从而促进土壤有机碳的保护（Six et al.，2004）。

土壤团聚体是由砂粒、粉砂、黏粒在各种有机无机胶结剂的作用下黏结而成的基本土壤结构单元，其稳定性显著影响土壤结构与功能（Dalal and Chan，2001）。根据形成团聚体胶结剂的类型以及团聚体粒径大小，可分为 >250μm 的大团聚体（macroaggregate）和 ≤250μm 的微团聚体（microaggregate）（Six et al.，1998）。其中前者又可分为 >2000μm 的粗大团聚体（large macroaggregate）和 250~2000μm 细大团聚体（small macroaggregate）；而微团聚体的粒径上限尺寸是 250μm，粒径下限尺寸依赖于土壤质地的分类系统。根据美国、法国、德国等土壤质地分类系统的不同定义，有关微团聚体的下限尺寸并没有一个准确的值。大部分研究者将 50μm 或 53μm 作为微团聚体的下限尺寸，定义微团聚体尺寸为 50/53~250μm，而有的研究则以 20μm 为微团聚体的下限尺寸，认为 20~50μm 的土壤组分也属于微团聚体范畴。这些研究定义微团聚体为小的微团聚体（20~50μm）以及大的微团聚体（50~250μm）。考虑到研究结果之间应具有有效的可比性，目前研究大部分分为 53~250μm 的微团聚体和 <53μm 的粉黏粒组分（silt and clay fraction)，一些研究者也将＜53μm 粒径组分认为是矿物结合态有机质。土壤团聚体的形成机制研究直到 20 世纪下半叶才取得了突破性进展，研究者相继提出了土壤团粒结构模型（Oades and Waters，1991）、微团聚体形成模型（Oades，1995）以及团聚体等级模型（Six et al.，2004，2000），这为后续团聚体的研究和发展奠定了坚实的基础。

Oades 和 Waters（1991）认为，空间和时间是团聚体形成过程中两个重要的尺度。在空间尺度上，土壤团聚体由微团聚体向大团聚体逐级连续层次性地过渡；而在时间尺度上，胶结物质从多糖（暂时稳定）向菌丝根系（短时间稳定）及芳香类物质（持久稳定）层次性变化。Oades 和 Waters（1991）认为，微团聚体比大团聚体稳定，微团聚体的形成是大团聚体形成的前提条件，而各类有机碳是最重要的胶结物质。Oades（1995）对土壤团粒结构模型作了重要改进，认为根系和菌丝可以直接促进大团聚体的形成，微团聚体可以在大团聚体内形成。土壤中的有机碎屑、真菌菌丝体和粪便类物质，通过蚯蚓和其他土壤动物吞食和排泄活动，结合在一起形成大团聚体。在大团聚体内部的 POM 分解过程中，有机碎片与微生物黏液及黏土颗粒包裹在一起，使有机质越来越封闭，避免微生物的影响。这种方式形成的微团聚体在受各种化学和代谢胁迫时，从大团聚体中释放出来，形成相对稳定的土壤有机质（Oades，1993）。

目前大多数模型都是在 Oades 模型基础上发展起来的，Golchin 等（1998）提出大团聚体（＞250μm）分解成中等大小微团聚体（＜250μm），而后再分解成闭蓄在细 POM 中的小的微团聚体（＜20μm），强化了 POM 在团聚中的作用。而 Angers 和 Chenu（2018）的研究结果验证了微团聚体在大团聚体中形成的理论。Six 等（2004）发展了以"大团聚体周转"为核心的概念模型，即新鲜有机物促进大团聚体形成，而大团聚体内的颗粒有机物有助于微团聚体的形成，伴随颗粒有机物的分解及其他干扰过程，大团聚体破碎后将微团聚体释放出来（Six et al.，2000）。

2.4.2　土壤团聚体的物理保护

"隔离"主要指的是，较大的团聚体（＞250μm）中有机碳的分解需要足够的空气和水，孔隙度的减少直接阻碍分解进程；而微团聚体内（20～250μm）的孔隙，如小于细菌所能通过的限度（3μm），有机碳的降解只能依靠胞外酶向基质扩散，对生物来说这是极大的耗能过程，有机碳的分解因而降低。大团聚体和微团聚体对于碳封存的作用有所差别，但都对于碳封存有着重要意义。大团聚体包裹的 POM 为微团聚体的形成创造了条件，而微团聚体包裹的 POM 受到了更强的物理保护，对有机碳稳定性的形成具有重要意义。

Six 等（2004）认为，大团聚体周转加快抑制了大团聚体中微团聚体的形成及其微团聚体中碳的固定，解释了扰动对土壤碳固定速率的影响，并把大团聚体内粗 POM 和细 POM 的比值作为衡量大团聚体更新速率的指标。他们的系列研究也证实了大团聚体比微团聚体的周转快，因此微团聚体对有机碳的物理保护具有重要意义。微团聚体中土壤有机碳比大团聚体中有机碳更"老"，是更长时间的储存和较少干扰所致。土壤有机碳先与微团聚体结合，而后形成大团聚体的核，因而土壤有机碳对于大团聚体的形成非常重要。大团聚体促使更多的土壤有机碳储存，但这种储存是暂时的；而微团聚体促使土壤有机碳长期固定，这也预示着，有机碳的固定随团聚体粒径增大而减小（Cooper et al.，2021）。

从大团聚体内部的微团聚体碳稳定性角度进行研究，认为被稳定在大团聚体内部的微团聚体（microaggregate within macroaggregate，Mm），特别是与小于 0.053mm 的微团聚体相连接的矿物组分是长期的碳固定场所，而且随着传统耕作向免耕管理的转换，Mm 能够成为潜在有机碳固定的指示指标。研究结果也表明，在自然和改良的农业系统中，Mm 里的碳具有稳定性，其碳的固定并不与 Mm 的数量直接相关，相反，是由于 Mm 具有较大的稳定性及较慢的周转造成的（Oades and Waters，1991）。虽然大团聚体不能直接长期保护土壤有机碳，但它们能够固定更多的有机碳，并且通过与有机物和土壤环境相互作用促进微团聚体的形成，从而为微团聚体对有机碳的长期保护提供保证。有机物施用不仅直接为团聚作用提供了胶结物质，而且强烈促进土壤生物活性，真菌和细菌分别对大团聚体和微团聚体的形成具有重要作用，因此，表层（耕层）土壤有机碳的稳定性更依赖于团聚体的物理保护。

目前关于有机碳和团聚体相互关系及影响因素的研究有很多，在土壤形成团聚体的过程中，受外部环境、土壤特性、胶结物和生物等制约。外部因素主要有气候因素和地形因素，气候因素通过影响温度、湿度使土壤发生冻融交替和干湿交替，从而影响土壤呼吸、微生物活性和颗粒间桥接强度，进而改变有机碳含量和团聚体分解速率（刘艳等，2018；徐嘉晖等，2018；李娜等，2013）。其中在土壤有机质、胶结物质、土壤微生物以及干湿交替等方面对团聚体的稳定性研究较多。

1. 土壤有机质

土壤中有机质有不同种类，根据其降解的难易程度可分为三类：易降解有机质，例如多糖；暂时有机质，例如根系和真菌菌丝；难降解有机质，例如芳香族物质和被强吸附的聚合物（Liao et al.，2006）。其中，团聚体粒径越大，易降解有机质含量越多，但是易降解有机质对团聚体的稳定作用是暂时的，不同粒径下的团聚体受不同类型有机质控制，微团聚体稳定性主要由难降解有机质控制，大团聚体稳定性由易降解有机质和暂时有机质控制（Yamashita et al.，2006）。有机质对团聚体的影响分为直接影响和间接影响，一方面土壤中以腐殖酸和腐殖酸盐的形式存在的有机质直接影响团聚体的形成；另一方面，有机质通过一定的疏水基团形成疏水表层覆盖在团聚体周围，使土壤中的水分对团聚体的湿润速率减缓，从而达到提高团聚体稳定性的作用（宋小艳等，2022）。

2. 胶结物质

土壤胶结物质可分为有机胶结剂、无机胶结剂和有机无机复合体。有机胶结剂受有机质、微生物数量及代谢产物、植物根系及其分泌物等影响，分为临时性胶结剂、瞬时性胶结剂和持久性胶结剂（de León-González et al.，2006；Oades and Waters，1991）。临时性胶结剂主要包括根系、菌丝和真菌，由根系、菌丝和真菌产生物理缠绕作用从而影响土壤团聚体，临时性胶结剂以影响大团聚体稳定性为主。瞬时性胶结剂主要包括微生物和植物分泌的多糖，多糖通过黏结将不同粒径的颗粒物质胶结为团聚体。持久性胶结剂主要为芳香腐殖质，大多数为由土壤中的黏粒、有机质和多价态的金属所构成的有机无机混合物，持久性胶结剂以影响微团聚体稳定性为主，且非常稳定。无机胶结剂受不同地区的成土母质影响，主要包括黏粒、多价金属离子、氧化物等（李娜等，2013）。黏粒在无机胶结剂中较为重要，它通过膨胀、分散和凝絮作用影响团聚体稳定性，黏粒的膨胀、分散作用会使团聚体破碎，凝絮作用会使团聚体聚合。所以，黏粒对团聚体稳定性的影响是双向的，时而促进，时而抑制，多价金属离子、氧化物等通过影响电解质性质来改变颗粒对于团聚体稳定性的影响（窦森等，1991）。

3. 土壤微生物

土壤微生物既是土壤的重要组成部分，又是土壤团聚体最活跃的生物因素（Carreiro et al.，2000）。土壤微生物被许多研究证明与团聚体有显著的相关性，而微生物生物量或分泌物与团聚体的相关程度主要取决于真菌和细菌在不同粒径团聚体中的作用、土壤结构和土壤矿物颗粒（Li et al.，2019）。土壤团聚体形成过程中，主要依靠真菌和放线菌，借助其菌丝将土壤颗粒彼此机械地缠绕在一起而形成团聚体，同时依靠微生物的代谢产物（如多糖）对土壤颗粒的胶结作用而形成稳定性团聚体（秦倩倩和刘艳红，2021）。大团聚体的形成与真菌有关，而与残体质量和细菌数量无显著关系。真菌菌根可有效提高土壤结构、土壤团聚体稳定性，提供植物营养（Cooper et al.，2021）。而细菌主要利用自身的代谢产物作为黏合剂，代谢产物将黏粒等物质结合起来，更有利于微团聚体的形成（Cooper et al.，2021；张旭冉和张卫青，2020）。

4. 干湿交替

干湿交替通过湿度的高低引起黏土的胀缩，进而影响颗粒间的桥接作用（Carreiro et al.，2000），导致团聚体随着干湿的变化，不同粒径团聚体在不同阶段对干湿状况的响应不同，从而发生破碎和聚合（王洋等，2013）。干湿交替会导致团聚体内部产生微弱的裂纹，最终可能导致团聚体的破裂，不利于团聚体的稳定（宋小艳等，2022）。余洁等（2022）研究了有机质、团聚体、微生物三者和干湿交替之间的关系，发现干湿交替对三者具有一定程度的影响，从而间接地影响团聚体的形成。Marroquin 等（2014）通过同步辐射 X 射线扫描干湿条件变化下的土壤团聚体发现，干湿交替对于土壤团聚体孔隙和稳定性具有一定程度的影响。

土壤团聚体对土壤有机碳的物理保护作用是影响土壤有机碳稳定性的重要机制之一。虽然有关有机碳和团聚体相互关系及影响因素的研究很多，但迄今为止，对团聚体内部有机碳固定、动态和稳定的复杂过程仍不清楚，仍缺乏统一的模型来阐述有机碳的物理保护机制。现有的分离有机碳或团聚体组分的测定方法较少，可能也阻碍了人们对其认识上的突破。

2.5　本　章　小　结

总的来说，土壤有机碳的稳定机制受到多种因素的共同作用，其稳定机制主要包括分子抗性、矿物对有机质保护以及土壤团聚体的包裹。无论是植物源 OM 还是微生物源

OM，它们的长期稳定更依赖于土壤矿物和土壤团聚体，而它们对 SOM 的稳定贡献目前还未有清晰的定论。本章重点阐述不同稳定机制的概念、作用机制以及发展过程，理解不同 SOM 稳定机制是探究 SOM 的周转和调控土壤固碳的重要前提。

参 考 文 献

窦森，王其存，代晓燕，1991. 土壤有机培肥对微团聚体组成及其碳、氮分布和活性的影响. 吉林农业大学学报，13（2）：43-48，95-96.

李娜，韩晓增，尤孟阳，等，2013. 土壤团聚体与微生物相互作用研究. 生态环境学报，22（9）：1625-1632.

刘满强，胡锋，陈小云，2007. 土壤有机碳稳定机制研究进展. 生态学报，27（6）：2642-2650.

刘艳，马茂华，吴胜军，等，2018. 干湿交替下土壤团聚体稳定性研究进展与展望. 土壤，50（5）：853-865.

秦倩倩，刘艳红，2021. 重度火烧干扰下的森林土壤功能. 应用与环境生物学报，27（2）：503-512.

宋小艳，王长庭，胡雷，等，2022. 若尔盖退化高寒草甸土壤团聚体结合有机碳的变化. 生态学报，42（4）：1538-1548.

王洋，刘景双，王全英，2013. 冻融作用对土壤团聚体及有机碳组分的影响. 生态环境学报，22（7）：1269-1274.

徐嘉晖，孙颖，高雷，等，2018. 土壤有机碳稳定性影响因素的研究进展. 中国生态农业学报，26（2）：222-230.

余洁，苗淑杰，乔云发，2022. 不同类型土壤团聚体稳定机制的研究. 中国农学通报，38（14）：89-95.

张旭冉，张卫青，2020. 土壤团聚体研究进展. 北方园艺（21）：131-137.

Angers D A，Chenu C，2018. Dynamics of soil aggregation and C sequestration//Soil Processes and the Carbon Cycle. Boca Raton：CRC Press：199-206.

Awad A M，Shaikh S M R，Jalab R，et al.，2019. Adsorption of organic pollutants by natural and modified clays：a comprehensive review. Separation and Purification Technology，228：115719.

Baldock J A，Skjemstad J O，2000. Role of the soil matrix and minerals in protecting natural organic materials against biological attack. Organic Geochemistry，31（7-8）：697-710.

Barré P，Fernandez-Ugalde O，Virto I，et al.，2014. Impact of phyllosilicate mineralogy on organic carbon stabilization in soils：incomplete knowledge and exciting prospects. Geoderma，235-236：382-395.

Bird M I，Wynn J G，Saiz G，et al.，2015. The pyrogenic carbon cycle. Annual Review of Earth and Planetary Sciences，43：273-298.

Bosatta E，Ågren G I，1999. Soil organic matter quality interpreted thermodynamically. Soil Biology and Biochemistry，31（13）：1889-1891.

Carreiro M M，Sinsabaugh R L，Repert D A，et al.，2000. Microbial enzyme shifts explain litter decay responses to simulated nitrogen deposition. Ecology，81（9）：2359-2365.

Christensen B T，2001. Physical fractionation of soil and structural and functional complexity in organic matter turnover. European Journal of Soil Science，52（3）：345-353.

Cooper H V，Sjögersten S，Lark R M，et al.，2021. Long-term zero-tillage enhances the protection of soil carbon in tropical agriculture. European Journal of Soil Science，72（6）：2477-2492.

Dalal R C，Chan K Y，2001. Soil organic matter in rainfed cropping systems of the Australian cereal belt. Australian Journal of Soil Research，39（3）：435.

Davidson E A，Janssens I A，2006. Temperature sensitivity of soil carbon decomposition and feedbacks to climate change. Nature，440：165-173.

de León-González F，Celada-Tornel E，Hidalgo-Moreno C I，et al.，2006. Root-soil adhesion as affected by crop species in a volcanic sandy soil of Mexico. Soil and Tillage Research，90（1-2）：77-83.

Fakhreddine S，Fendorf S，2021. The effect of porewater ionic composition on arsenate adsorption to clay minerals. Science of the Total Environment，785：147096.

Fierer N，Craine J M，McLauchlan K，et al.，2005. Litter quality and the temperature sensitivity of decomposition. Ecology，86（2）：320-326.

Galicia-Andrés E，Oostenbrink C，Gerzabek M H，et al.，2021. On the adsorption mechanism of humic substances on kaolinite and their microscopic structure. Minerals，11（10）：1138.

Golchin A，Baldock J A，Oades J M，1998. A model linking organic matter decomposition，chemistry，and aggregate dynamics//Lal R，Kimble J M，Follett R F，et al. Soil processes and the carbon cycle. Boca Raton：CRC Press.

Hockaday W C，Masiello C A，Randerson J T，et al.，2009. Measurement of soil carbon oxidation state and oxidative ratio by ^{13}C nuclear magnetic resonance. Journal of Geophysical Research：Biogeosciences，114（G2）：G2014.

Jastrow J D，Miller R M，1998. Soil aggregate stabilization and carbon sequestration：feedbacks through organomineral associations. Soil processes and the carbon cycle. Boca Raton：CRC Press.

Keil R G，Mayer L M，2014. Mineral matrices and organic matter//Treatise on Geochemistry. Amsterdam：Elsevier，12：337-359.

Kleber M，Eusterhues K，Keiluweit M，et al.，2015. Mineral-organic associations：formation，properties，and relevance in soil environments//Advances in Agronomy. Amsterdam：Elsevier：1-140.

Lützow M V，Kögel-Knabner I，Ekschmitt K，et al.，2006. Stabilization of organic matter in temperate soils：mechanisms and their relevance under different soil conditions-a review. European Journal of Soil Science，57（4）：426-445.

Lavallee J M，Soong J L，Cotrufo M F，2020. Conceptualizing soil organic matter into particulate and mineral-associated forms to address global change in the 21st century. Global Change Biology，26（1）：261-273.

Li F F，Chang Z F，Khaing K，et al.，2019. Organic matter protection by kaolinite over bio-decomposition as suggested by lignin and solvent-extractable lipid molecular markers. Science of the Total Environment，647：570-576.

Liang C，Schimel J P，Jastrow J D，2017. The importance of anabolism in microbial control over soil carbon storage. Nature Microbiology，2（8）：17105.

Liao J D，Boutton T W，Jastrow J D，2006. Organic matter turnover in soil physical fractions following woody plant invasion of grassland：evidence from natural ^{13}C and ^{15}N. Soil Biology and Biochemistry，38（11）：3197-3210.

Lorenz K，Lal R，Preston C M，et al.，2007. Strengthening the soil organic carbon pool by increasing contributions from recalcitrant aliphatic bio（macro）molecules. Geoderma，142（1-2）：1-10.

Marroquin M，Vu A，Bruce T，et al.，2014. Evaluation of fouling mechanisms in asymmetric microfiltration membranes using advanced imaging. Journal of Membrane Science，465：1-13.

Marschner B，Brodowski S，Dreves A，et al.，2008. How relevant is recalcitrance for the stabilization of organic matter in soils？Journal of Plant Nutrition and Soil Science，171（1）：91-110.

Masiello C A，Gallagher M E，Randerson J T，et al.，2008. Evaluating two experimental approaches for measuring ecosystem carbon oxidation state and oxidative ratio. Journal of Geophysical Research：Biogeosciences，113（G3）：G03010.

Oades J M，1993. The role of biology in the formation，stabilization and degradation of soil structure. Geoderma，56（1-4）：377-400.

Oades J M，1995. An overview of processes affecting the cycling of organic carbon in soils//Zepp R G，Sonntag ch. Role of Nonliving Organic Matter in the Earth's Carbon Cycle. Hoboken：Wiley.

Oades J M，Waters A G，1991. Aggregate hierarchy in soils. Soil Research，29（6）：815-828.

Olivelli M S，Fugariu I，Torres Sánchez R M，et al.，2020. Unraveling mechanisms behind biomass-clay interactions using comprehensive multiphase nuclear magnetic resonance（NMR）spectroscopy. ACS Earth and Space Chemistry，4（11）：2061-2072.

Oren A，Chefetz B，2012. Sorptive and desorptive fractionation of dissolved organic matter by mineral soil matrices. Journal of Environmental Quality，41（2）：526-533.

Schmidt M W I，Torn M S，Abiven S，et al.，2011. Persistence of soil organic matter as an ecosystem property. Nature，478：49-56.

Singh B P，Cowie A L，Smernik R J，2012. Biochar carbon stability in a clayey soil as a function of feedstock and pyrolysis temperature. Environmental Science & Technology，46（21）：11770-11778.

Six J，Elliott E T，Paustian K，2000. Soil macroaggregate turnover and microaggregate formation：a mechanism for C sequestration under no-tillage agriculture. Soil Biology and Biochemistry，32（14）：2099-2103.

Six J，Elliott E T，Paustian K，et al.，1998. Aggregation and soil organic matter accumulation in cultivated and native grassland soils.

Soil Science Society of America Journal，62（5）：1367-1377.

Six J，Conant R T，Paul E A，et al.，2002. Stabilization mechanisms of soil organic matter：implications for C-saturation of soils. Plant and Soil，241（2）：155-176.

Six J，Bossuyt H，Degryze S，et al.，2004. A history of research on the link between（micro）aggregates，soil biota，and soil organic matter dynamics. Soil and Tillage Research，79（1）：7-31.

Sokol N W，Sanderman J，Bradford M A，2019. Pathways of mineral-associated soil organic matter formation：integrating the role of plant carbon source，chemistry，and point of entry. Global Change Biology，25（1）：12-24.

Talbot J M，Allison S D，Treseder K K，2008. Decomposers in disguise：mycorrhizal fungi as regulators of soil C dynamics in ecosystems under global change. Functional Ecology，22（6）：955-963.

Lützow M V，Kögel-Knabner I，Ekschmitt K，et al.，2006. Stabilization of organic matter in temperate soils：mechanisms and their relevance under different soil conditions-a review. European Journal of Soil Science，57（4）：426-445.

Wei H，Guenet B，Vicca S，et al.，2014. High clay content accelerates the decomposition of fresh organic matter in artificial soils. Soil Biology and Biochemistry，77：100-108.

Wiedemeier D B，Abiven S，Hockaday W C，et al.，2015. Aromaticity and degree of aromatic condensation of char. Organic Geochemistry，78：135-143.

Yamashita T，Flessa H，John B，et al.，2006. Organic matter in density fractions of water-stable aggregates in silty soils：effect of land use. Soil Biology and Biochemistry，38（11）：3222-3234.

Zhu R L，Chen Q Z，Zhou Q，et al.，2016. Adsorbents based on montmorillonite for contaminant removal from water：a review. Applied Clay Science，123：239-258.

第 3 章　土壤有机质周转研究方法

SOM 作为一个非均质环境介质，各组分因其稳定性的差异，导致其周转时间不同。目前研究土壤碳周转的常用方法主要包括简单的室内培养法、碳循环模型、计算机模拟以及最近兴起的生物标志物技术和稳定同位素示踪技术。室内培养法通过室内模拟土壤有机碳分解，测定初始有机碳含量和培养一定时间后的有机碳含量，计算有机碳的周转速率常数和周转量，从而计算周转时间（张治国等，2016）。但该方法仅限于室内探究有机质的初步分解过程，环境条件较为单一，与野外田间模拟可能存在较大的差异。为了研究宏观尺度下陆地生态系统的碳循环过程，国内外陆地碳循环模型如 Century、RothC、DNDC、SCNC 已被广泛应用于土壤碳循环与气候因子、生物及其土壤理化性质的机理过程模拟，但由于区域的气候条件、植物生长等复杂性，模型的推广应用仍存在一定的局限性。本章将重点介绍分子生物标志物和稳定同位素示踪技术（本章不涉及放射性同位素示踪）在理解土壤 SOM 的周转和稳定中的重要应用。

3.1　分子生物标志物

3.1.1　分子生物标志物概述

分子生物标志物是环境和地质体中记载了原始生物母质（如高等植物、微生物等）分子结构信息的有机化合物，这些分子在 SOM 进化和环境过程中保留其母质前体分子的碳骨架信息，可用于确定其生物起源或生长环境。分子生物标志物可以根据分子类型、官能团位置和碳链长度的差异来区分同分异构体，也可确定该有机化合物是本土来源还是人为输入，甚至可以确定特定类型的有机碳源（Amelung et al.，2008）。分子生物标志物通常具有较多的来源特异性，并且对细菌降解具有较高的抗性。因此，它被用作 SOM 的有效示踪剂（Li et al.，2015）。

3.1.2　分子生物标志物类型及特点

土壤 SOM 中基质结构复杂，纯木质素来源中木质素参数的自然变异性，导致运用传统的微生物纯培养方法和显微技术难以获得可直接测量的微生物群落结构和生物量碳代谢特征信息。因此，需要利用生物标志物技术，为人们提供待测生物分子在生物体内或生物体外的存在、表达、分布等各种信息。常见的分子生物标志物有：游离态脂分子生物标志物、结合态脂分子生物标志物、木质素分子生物标志物、苯多羧酸（benzene polycarboxylic acids，BPCAs）分子生物标志物、磷脂脂肪酸（phospholipid fatty acids，PLFAs）分子生物标志物、氨基糖分子生物标志物等。

1. 游离态脂分子生物标志物

游离态脂主要包含链状脂肪族化合物（脂肪酸、脂肪醇、烷烃）和环状固醇类化合物，通常被定义为不溶于水而溶于有机溶剂的物质。土壤 SOM 中覆盖植被的类型和土壤的理化条件是决定游离态脂类的含量和组成的关键因素，大量的脂质类别（如脂肪族脂类、芳香族脂类和极性脂类）的信息都被记录在土壤中（Angst et al.，2018）。尽管在实验中利用有机溶剂可萃取到的游离态脂质通常只占总 SOM 的 10%不到，但它们是能够代表 SOM 来源和降解阶段信息的特征性生物标志物。

脂肪酸是游离态脂中最主要的组分，在新鲜植被中脂肪酸呈现在 C12～C30 范围内以 C16、C18 为主峰的偶数碳优势。相对于长链碳脂肪酸，短链碳脂肪酸易受降解的影响。例如，随着降解过程持续，不饱和碳 18（C18：3，C18：2 和 C18：1）含量普遍降低，其中 C18：3 降低最明显。表明不饱和脂肪酸易断裂不饱和键，优先被降解。其中，链碳（<C20）以及带支链碳来源于微生物；具有长链碳奇偶优势的烷酸、长链碳奇偶优势的烷烃以及偶数碳优势的脂肪醇来源于高等植物叶蜡。而碳优势指数(carbon preference index，CPI)、平均碳长度、不饱和脂肪酸与饱和酸的比值［即（C18：1-3)/C18、（C16：1＋2）/C16］等数据随着降解程度的增加而减小。

具体操作步骤如下：称取 20g 土壤样品，依次加入 50mL CH_2Cl_2：MeOH（体积比为 1：1），连续萃取超声 15min（残留物自然风干，保存备用），以 2500r/min 速度离心 15min。将滤液倒入圆底烧瓶中，旋转蒸发浓缩到 1mL 左右，再加入 5mL CH_2Cl_2：MeOH（体积比为 1：1）洗烧瓶，将其都倒入 15mL 的瓶子中，氮气吹干，保存在冰箱（冷冻）。加 1mL CH_2Cl_2：MeOH（体积比为 1：1），取 100μL 转移到 2mL 液相瓶中，氮气吹干，再加 90μL 双（三甲基硅烷基）三氟乙酰胺（BSTFA）和 10μL 无水吡啶 70℃加热 3h，冷却后加入 400μL 正己烷，利用气相色谱-质谱联用仪（gas chromatography-mass spectrometry，GC-MS）对其进行分析。

2. 结合态脂分子生物标志物

结合态脂是指脂类与其他物质以　定的方式结合形成的结合态的脂类。结合态脂主要包括糖与脂类以糖苷键相连形成的化合物，即糖脂，以及蛋白质与脂类结合形成的化合物，即脂蛋白。在生物体内，结合态脂分布很广，但含量较少。脂质生物标志物以多种碳氢化合物结构为特征，是表征不同环境中微生物群落结构的有力工具（de Blas et al.，2013）。脂肪类结构在整个地质时期都保存完好，因此它们被广泛用作地球上生物活动的指标，并且在某些情况下用于表征过去的微生物群落（Kaur et al.，2011）。

其中，软木质主要存在于根系中，角质主要存在于地上的植物组分，ω-C16/ΣC16 脂肪酸和 ω-C18/ΣC18 脂肪酸的值随着降解程度的增大而变大。

具体操作步骤如下：称取 20mg 植物样品或 500mg 土壤样品（萃取游离态脂后）于反应釜中，加入 20mL 的 1mol/L 的 KOH/MeOH（甲醇溶解），在 100℃下反应 3h。冷却后将液体移至离心管，用甲醇溶液（色谱纯）润洗，以 4000r/min 速度离心，上清液转移至圆底烧瓶中，固体中再加入 30mL 的 CH_2Cl_2：MeOH（体积比为 1∶1），超声 15min，萃取两次，将上清液旋转蒸发浓缩，加入 6mol/L 的 HCl 酸化至 pH = 1，加入 30mL 超纯水，转移到分液漏斗中，再用 30mL 乙酸乙酯进行液液萃取。向萃取后的乙酸乙酯中加入无水硫酸钠，静置后旋蒸，用 2mL 乙酸乙酯润洗三次，转移到 15mL 液相瓶，氮气吹干，称重，保存在冰箱（冷藏）中。加 1mL CH_2Cl_2：MeOH（体积比为 1∶1）溶液，取 500μL 转移到 8mL 液相瓶中，氮气吹干，加入 1mL BF_3-MeOH 溶液，70℃下反应 1.5h，冷却后加入 1mL 超纯水，加入 1mL 正己烷进行液液萃取，将下层有机相转移到 2mL 液相瓶，氮气吹干，随后加入 100μL 无水吡啶和 100μL BSTFA，80℃保留 2h，利用气相色谱-质谱联用仪（GC-MS）对其进行分析。

3. 木质素分子生物标志物

木质素是陆地生态系统中最丰富的芳香植物成分，是土壤凋落物输入的重要部分（约 20%）（Barder and Crawford，1981）。在土壤中，在木质素组织的降解过程中，结构多糖几乎完全消失，而木质素片段和酚部分可以保留下来，并可能具有较长的停留时间，土壤有机质可以通过不同木质素酚单位的变化追溯 SOM 的来源和迁移（Thevenot et al.，2010）。其中，愈创木基木质素单体（V）来自维管束植物；紫丁香基木质素单体（S）来源于被子植物而非裸子植物；对羟基苯基木质素单体（C）富含于非木质组织（Wong，2009）。V 和 S 单体中对应的酸醛比$(Ad/Al)_V$的增加表明其侧链氧化程度增加。

具体操作步骤如下：称取 2g 土壤样品，加入 15mL 2mol/L 的 NaOH 溶液，再加入 100mg 六水合硫酸铵亚铁，1g CuO 粉末（CH_2Cl_2 萃取后），在 170℃下反应 2.5h。冷却后上清液转移到 50mL 离心管中，加入 6mol/L 的 HCl 使其 pH 调至 1 左右，将其放到避光处静止 1h，随后离心，将上清液置于分液漏斗中，加入 60mL 乙酸乙酯，萃取两次，将有机相加入锥形瓶中，随后加入无水硫酸钠，静置后将锥形瓶中的液体转移到圆底烧瓶中，旋转蒸发浓缩到 1mL 左右，用 2mL 乙酸乙酯润洗三次，转移到 15mL 液相瓶中，氮气吹干，称重，保存在冰箱（冷冻）中。加 1mL CH_2Cl_2：MeOH（体积比为 1∶1），取 100μL 转移到 2mL 液相瓶中，氮气吹干，再加 90μL BSTFA 和 10μL 无水吡啶 70℃加热 3h，冷却后加入 400μL 正己烷，利用气相色谱-质谱联用仪（GC-MS）对其进行分析。

4. 苯多羧酸分子生物标志物

近年来对黑炭的定量研究还没有统一的标准，不同环境介质中黑炭的定量方法都有各自的优缺点，其中具有代表性的是苯多羧酸（BPCAs）法，它是定量黑炭的分子标志物法，在定量的同时能提供黑炭的分子结构信息。溶解态黑炭（dissolved black carbon，DBC）是一种特殊形态的黑炭，通常适用于颗粒状黑炭的定量方法并不适用于溶解态黑炭，而 BPCAs 法是一种适用于所有环境介质中所有形态黑炭的定量方法（Huang et al.，2016）。苯多羧酸（BPCAs）分子生物标志物方法常用于对土壤中黑炭的来源和特性进行识别，为复杂体系中芳香碳的研究提供了重要的技术手段。

BPCAs 分子生物标志物方法主要是通过对研究对象进行氧化处理，将高度浓缩的芳香结构破坏，形成单个小的芳香结构，如苯三羧酸（B3CA）、苯四羧酸（B4CA）、苯五羧酸（B5CA）和苯六羧酸（B6CA）等结构相对稳定的苯多羧酸（BPCAs），即通过化学方法将缩合芳香族化合物转化为由 3、4、5 和 6 个羧酸基取代的单个苯环（分别为 B3CA、B4CA、B5CA 和 B6CA）（Wagner et al.，2017）。通过各个 BPCAs 单体分子的相对含量得到黑炭的性质和来源，通过加和 BPCAs 各单体的含量得到黑炭含量的信息。其中，B5CA、B6CA 代表高缩合度芳香族物质，B5CA/B6CA 值可估算热解强度，B6CA/B4CA 用于提供关于黑炭源的信息（Acksel et al.，2016）。

具体操作步骤如下：称取总有机碳含量小于 5mg 的土壤样品置于反应釜中，加入 10mL 4mol/L 的三氟乙酸溶液在 105℃下反应 4h。待冷却至室温后，用玻璃纤维膜抽滤，再用离子水反复冲洗以去除多价阳离子。将滤渣烘干后加入反应釜中，再向反应釜中加入 2mL 65%的硝酸，在 170℃下反应 8h，冷却至室温后，向反应液中加 10mL 去离子水，然后将反应液过滤到 15mL 的玻璃瓶中备用。取 2mL 滤液，加入 10mL 去离子水和 100μL 柠檬酸混合均匀后过阳离子交换柱。将阳离子交换后的滤液收集于锥形瓶中，并置于冷干机中冷冻干燥。冷冻干燥的样品用甲醇重新溶解并转移到液相瓶中，加入 100μL 2, 2'-联苯二羧酸，将液相瓶中的溶液用氮气吹至干燥。然后加入 100μL 无水吡啶和 100μL 三甲基硅烷化试剂，在 80℃下反应 2h，进行衍生化处理。反应后的样品置于低温环境中 24h 内，利用气相色谱-质谱联用仪（GC-MS）对其进行分析。

5. 磷脂脂肪酸分子生物标志物

磷脂脂肪酸（PLFAs）是一类广泛存在于细菌和真核生物细胞膜中的脂类化合物，在细胞膜内 PLFAs 通过酯键与甘油分子相连，与磷酸基团组成磷脂分子，并进一步构成磷脂双分子层。当细胞死亡后，细胞膜内的磷脂在数小时至数天内迅速降解，因此 PLFAs 是土壤等沉积环境中活体微生物的良好分子标志。PLFAs 在真核生物和细菌的细胞膜中分别占有 50%和 98%，PLFAs 是一种代表所有活体生物的标志物。PLFAs 的组成和含量通常在同一种微生物中十分稳定且具有可遗传性。

PLFAs 定量分析可用于表征微生物活细胞生物量，PLFAs 定性分析可用于表征土壤微生物群落结构，PLFAs 单体碳同位素信息可用于表征土壤微生物量碳的碳源。其中，总 PLFAs 量表示活性微生物生物量浓度；长链非酯链取代脂肪酸能指示真菌菌丝；18：2ω6 用于估算真菌在土壤微生物生物量中的比例；i15：0，a15：0，15：0，i16：0，16：1ω7，i17：0，a17：0，cγ-17：0，i18：0，18：1ω7，cγ-19：0 脂肪酸用来指示土壤细菌；支链脂肪酸和酯连接的单饱和 16：1ω9 用来指示革兰氏阳性菌，革兰氏阴性菌可以通过特定的异/反异构形式表示，单饱和环丙基脂肪酸追溯（Zelles，1999）。

具体操作步骤如下：称取 3g 冷冻干燥的土样于离心管中，加入 15.8mL 的单相提取剂(氯仿：甲醇：柠檬酸体积比为 1：2：0.8)，以 250r/min 速度振荡 2h。随后以 4000r/min 速度离心 5min，上清液收集于玻璃试管中，剩下土样再加入 7.6mL 的提取剂，重复以上步骤，合并上清液，并加入 4.8mL 柠檬酸缓冲液和 6mL 氯仿，静置过夜，分层。把氯仿相转移到试管中，用氮气吹干。首先用 5mL 氯仿活化柱子，用氯仿转移脂类到硅酸键合固相萃取（solid phase extraction，SPE）柱中，再分别加入 10mL 的氯仿和 10mL 的酮洗去中性脂和糖脂，最后用 10mL 甲醇淋洗磷脂，并收集于试管中，用氮气吹干。在该试管中加 1mL 的甲醇甲苯混合液（体积比为 1∶1）和 1mL 0.2mol/L 的 KOH 甲醇溶液，在 37℃的水浴中加热 15min，加入 2mL 蒸馏水、0.3mL 冰醋酸，再用正己烷（两次，每次 2mL）萃取 PLFAs。加入内标（十九酸甲酯，C19∶0）80μL（浓度为 0.1mg/L），并用氮气吹干得到脂肪酸甲酯。将脂肪酸重新溶解于 80μL 的正己烷中，利用气相色谱-质谱联用仪（GC-MS）对其进行分析。

6. 氨基糖分子生物标志物

氨基糖是研究微生物群落动态的有用微生物生物标志物，因为它们在微生物的细胞壁中普遍存在，在细胞死亡后会很顽固，它们在植物残留物中的含量较少（Bai et al.，2013）。由于植物不产生氨基糖，它们在土壤中积累表明微生物残留物对 SOC 的贡献。微生物残留物包括非生物质微生物代谢物，如外来酶、细胞外聚合物质（extracellular polymeric substances，EPS）和死细胞残留物。作为微生物残留物的特征成分，土壤中的氨基糖可用于分析随着时间的推移环境因子对微生物群落组成的影响（Joergensen，2018）。

目前已有四种氨基糖被研究证明可定量化，它们分别是氨基葡萄糖（glucosamine，GluN）、氨基半乳糖（galactosamine，GalN）、氨基甘露糖（mannosamine，ManN）和胞壁酸（muramic acid，Mur）。氨基糖广泛分布在土壤细菌和真菌的细胞壁和一些土壤低等动物中，所以土壤中真菌和细菌的残留物（碳和氮）的去向可以通过氨基糖的分析加以解析，并且土壤里低等动物的生物量与微生物的生物量相对来说要小得多，所以土壤里的氨基糖主要来源于微生物。其中，葡萄糖胺主要来源于真菌细胞壁，胞壁酸来源于细菌肽聚糖，半乳糖胺来源于细菌荚膜和胞外多糖；葡萄糖胺与半乳糖胺的比值被用来表征土壤中从细菌到真菌的氨基糖-N 的转变；葡萄糖胺与胞壁酸的比值通常可以指示真菌/细菌来源的比例（Whalen et al.，2022）。

具体操作步骤如下：将土壤样品放在 10mL 反应釜中，加入 10mL 6mol/L HCl，在 105℃下加热 8h。冷却后，加入 100μg 内标（肌醇）到反应釜内，将水解产物过滤到 50mL 的三角锥瓶，在 40℃下旋转蒸发，将残余物用 20mL 超纯水溶解，加入离心管中，用 1mol/L KOH 溶液将 pH 调节至中性，离心将上清液转移到离心管中，冷干。将残余物用 3mL 无水甲醇溶解并离心以除去盐。将上清液转移至 8mL 的玻璃瓶中，并使用干燥 N_2 在 45℃下吹干。将衍生化试剂加入样品，在 75℃下水浴加热 30min，冷却至室温，并加入 1mL 乙酸酐，水浴加热 20min。冷却后，加入二氯甲烷，进行液液萃取，取有机相，在 45℃下 N_2 吹干，最后溶于 300μL 乙酸乙酯-正己烷（体积比为 1∶1）中，利用气相色谱-质谱联用仪（GC-MS）对其进行分析。

3.2　稳定碳同位素示踪技术

3.2.1　同位素基本概念和特征

具有相同的质子数而中子数不同的一系列核素被称为某一元素的同位素。例如，对于碳元素，质子数都为 6，而总质量数为 13、14 的核素 ¹³C、¹⁴C 被称为碳同位素，也可互称为同位素。通常，一种元素具有若干数量的同位素。这些同位素可以根据是否具有放射性而划分为放射性同位素和稳定性同位素。为了便于描述，同时能够精确表达含义，本书采用"稳定同位素"这一表述。陈岳龙等（2005）发现了 2000 多种核素，稳定同位素仅占其中小部分，约 275 个，目前稳定同位素是指半衰期大于 10^{15} 年的核素。

稳定同位素由于是同一元素的同位素，具有相似的外部性质和不同的内核特征，因此稳定同位素之间没有显著的化学性质差异，但物理性质因其质量差异而存在微小区别，例如，分子键能、生化合成速率、自然分解速率、迁移转化效率等方面存在差异。这导致物质的稳定同位素组成在反应后与反应前存在差异，差异大小取决于反应剧烈程度、周转时间等因素。正是这一根本特性，使得稳定同位素能够用于示踪技术，成为环境学、生态学和地球化学研究的新的有效手段。

目前稳定同位素示踪技术涉及的元素主要包括 H、C、N、O、Si、S、Cl，其中 C、N、O、S 稳定同位素技术是目前环境地球化学领域示踪研究的重要手段。这些元素具有以下特征：①原子质量较轻，受环境因素影响强烈；②相关同位素的标记物制备方式简单，不会迅速衰变；③以多种化合物形态存在于自然界，尤其是 C 元素，可以与多种元素组合构成化合物；④对人体无毒害，常用的 C、N、O 同位素在示踪应用中安全无害（陈岳龙等，2005）。

3.2.2 稳定同位素规范术语

1. 同位素丰度（isotopic abundance）

某一元素的同位素丰度是指该元素的特定同位素原子数与该元素的总原子数之比。地球上自然状态下的各元素或核素存在的数量比定义为绝对丰度（absolute abundance）。由于重同位素在自然状态下的存在丰度很低，例如，自然中 ¹²C 的原子百分比为 98.89，而¹³C 的原子百分比仅为 1.11（林光辉，2013），所以，在应用稳定同位素的时候通常不直接测定某一核素的绝对丰度，而是以相对丰度或同位素比率（isotope ratio，R）的形式表达：

$$R = \frac{重同位素丰度}{轻同位素丰度} \tag{3.1}$$

以 C、O 为例：

$$^{13}R(CO_2) = \frac{[^{13}CO_2]}{[^{12}CO_2]} \tag{3.2}$$

$$^{18}R(CO_2) = \frac{[C^{18}O^{16}O]}{[C^{16}O_2]} \tag{3.3}$$

2. 原子百分比（at%）

原子百分比是指某一核素在轻重核素中的百分比，它可以和同位素比率进行相互换算，以 CO_2 为例：

$$\text{at}\% = \frac{[^{13}\text{CO}_2]}{[^{13}\text{CO}_2] + [^{12}\text{CO}_2]} \times 100 = \frac{[^{13}\text{CO}_2]}{[\text{CO}_2]} \times 100 = \frac{^{13}R}{1 + ^{13}R} \times 100 \qquad (3.4)$$

在一些人工标记示踪化合物的实验体系中，稳定同位素丰度较高，于是以原子百分比表达浓度。还是以碳为例，据式（3.4）也可进行换算：

$$^{13}R(\text{CO}_2) = \frac{[\text{at}\% / 100]}{[1 - \text{at}\% / 100]} \qquad (3.5)$$

3. 同位素 δ 值（isotope delta）

在环境生态学和地球化学的研究中，我们更倾向于探究对象在环境中的周转过程。借助稳定同位素这一手段进行探究时，为了便于对物质之间的稳定同位素组成差异进行比较，采用同位素 δ 值进行表达和分析。δ 值是样品中两种同位素比值关于特定标准对应比值的相对千分差，表示为

$$\delta = \left(\frac{[R_{样品}]}{[R_{标准品}]} - 1 \right) \times 1000‰ \qquad (3.6)$$

以碳稳定同位素为例：

$$\delta^{13}\text{C} = \left(\frac{^{13}R_{样品}}{R_{\text{V-PDB}}} - 1 \right) \times 1000‰ \qquad (3.7)$$

式中，V-PDB 为国际原子能组织同位素实验室制备的标准物质。原有的 PDB（Pee Dee Belemnite）标准物质是美国南卡罗来纳州白垩系皮狄组地层中的美洲拟箭石，最初用作碳同位素的标准物质，但已经耗尽，故目前实际测定时采用的为 V-PDB 标准物（林光辉，2013）。

当 δ 值大于 0 时，表明样品的稳定同位素相较于标准物质发生了富集（enrichment）；而当 δ 值小于 0 时，表明样品发生稳定同位素贫化（depletion）现象。因此，借助 δ 值我们可以更直观地比较物质在稳定同位素组成上的差异。

上述的各项表达可以相互转换，以碳稳定同位素为例：

$$\delta^{13}\text{C} = \left(\frac{^{13}R_{样品}}{0.0112372} - 1 \right) \times 1000‰ \qquad (3.8)$$

式中，0.0112372 为碳稳定同位素测试标准物质的 R 值。

因此有

$$^{13}R = \left(\frac{\delta^{13}\text{C}(‰)}{1000} + 1 \right) \times 0.0112372 \qquad (3.9)$$

$$\text{at}\% = \frac{^{13}R}{1 + ^{13}R} \times 100 \qquad (3.10)$$

在实际应用中，δ 值是通用的表达方式，便于数据间的相互比较，能够直观反映物质的同位素组成，例如，$\delta^{13}\text{C}$、$\delta^{15}\text{N}$、δD、$\delta^{18}\text{O}$ 表示的就是碳、氮、氢、氧稳定同位素相对各自标准物质的比值。

3.2.3 计算方法

1. 同位素效应

同位素在物理化学性质上的差异会导致物质的同位素组成在反应前后发生变化，这一变化称为同位素效应（isotope effect）。同位素效应可以归纳为动力学同位素效应（kinetic isotope effect）和平衡同位素效应（equilibrium isotope effect）（Coplen，2011）。

1）动力学同位素效应

动力学同位素效应也可表示为动力学分馏（kinetic fractionation），是指同位素在不同物相间的分配随着反应的发生时长而变化的过程，即与时间相关的同位素分馏。自然界中水分蒸发、分子扩散、植物叶片蒸腾作用等过程都是常见的动力学同位素分馏过程（Coplen，2011）。以植物叶片的气体交换为例，CO_2 在叶片气孔中交换时，轻质的 $^{12}CO_2$ 优先参与交换过程，导致 ^{13}C 的分馏。动力学同位素效应可以简单表示为

$$Q + B \longrightarrow P \tag{3.11}$$

式中，Q 代表反应物；P 代表产物；B 代表不存在同位素取代的反应物。

动力学同位素效应的根本原因是轻重同位素的结合键能不同。轻同位素相对分子质量小，在反应过程中活性更强，比重同位素更易在反应物中发生变化，因此在产物中通常有更多的轻同位素。

2）平衡同位素效应

平衡同位素效应也称为热力学同位素效应（thermodynamics isotope effect），可以表示为热力学平衡分馏（thermodynamics equilibrium fractionation）。当特定体系的物理化学性质不发生改变时，同位素在其中不发生变化，我们称这时为同位素平衡状态。此时，同位素在物相间的分馏就称作同位素平衡分馏，其实质是同位素在平衡体系下的反应物和产物间的相互交换。平衡同位素效应可以简单表示为

$$Q + B \Longrightarrow P \tag{3.12}$$

上式中的化学反应视为处于平衡状态，同位素仅在反应物 Q 和产物 P 之间交换。

2. 分馏系数

为了表示同位素效应的大小变化，引入同位素分馏系数（isotopic fractionation factor，α）的概念。同位素分馏（isotopic fractionation）是指由于同位素质量不同，在物理化学和生物化学作用过程中某一元素的若干同位素在不同物质之间的分配不同的现象，表现为不同物质中的同位素比率不同（林光辉，2013）。同位素分馏系数可表示为

$$\alpha = R_Q / R_P \tag{3.13}$$

式中，R_Q 代表反应物的同位素比率；R_P 代表产物的同位素比率。在一些文献中也将 α 定义为 R_P/R_Q，本书统一采用反应物/产物的形式。

同位素效应的大小除了使用分馏系数表示外，还可以使用同位素差异（isotope difference，Δ）来表达：

$$\Delta_{Q/P} = \alpha_{Q/P} - 1 \tag{3.14}$$

同位素差异可以和同位素 δ 值进行换算：

$$\Delta_{Q/P} = \frac{\delta_Q + 1}{\delta_P + 1} - 1 = \frac{\delta_Q - \delta_P}{\delta_P + 1} \tag{3.15}$$

3. 混合模型计算

运用稳定同位素在环境生态学和地球化学领域进行实际研究时，需要借助混合模型的计算来区分不同源对目标池的贡献程度。最常用的混合模型是二源混合模型，其要求所识别的元素具有两种及以上同位素，且在应用过程中要求已知两种源的初始稳定同位素丰度。

以碳稳定同位素为例，假设已知两个不同的碳池（carbon pool），分别定义为 A（pool A）和 B（pool B），已知两个池的碳稳定同位素组成，并且其组成具有显著差异。若想知道某一混合池（命名为 T）中来源于上述的两个碳池的各自比率，可以采用式（3.16）进行计算：

$$\delta_T = f_A \delta_A + f_B \delta_B = f_A \delta_A + (1 - f_A) \delta_B \tag{3.16}$$

式中，δ_T 表示混合体系中总的同位素 δ 值；δ_A、δ_B 分别表示 A 池和 B 池中的同位素 δ 值；f_A 和 f_B 分别表示 A、B 池对总的混合池的贡献比例（%）。δ_T、δ_A 和 δ_B 的值可以通过实验测定得到，由此可以计算出 f_A 和 f_B，如下：

$$f_A = \frac{\delta_T - \delta_B}{\delta_A - \delta_B} \tag{3.17}$$

$$f_B = 1 - f_A \tag{3.18}$$

基于上述原理，以土壤生态学中的应用实例进行说明（Jeewani et al.，2021）。在 C_3 农田土壤中种植 C_4 植物玉米，已知某 C_3 农田土壤的 δ_3 为-26.52‰，C_4 植物玉米根系的 δ_4 为-12.71‰。经过一段时间的种植培养后，欲知道 C_4 植物根系的碳输入对农田土壤中的有机碳有多大贡献。首先测定种植玉米培养后的农田土壤，假设其培养的 δ_T 为-24.00‰，那么代入式（3.17）就可以知道 C_4 植物根系的碳输入占比：

$$f_3 = \frac{\delta_T - \delta_4}{\delta_3 - \delta_4} = \frac{-24.00‰ - (-12.71‰)}{-26.52‰ - (-12.71‰)} \times 100\% \approx 81.75\% \tag{3.19}$$

$$f_4 = 1 - f_3 = 1 - 81.75\% = 18.25\% \tag{3.20}$$

即经过一段时间的培养，该农田中的有机碳中有 18.25% 来自玉米根系输入，而仍然有 81.75% 是原来土壤中固有的。

如果想要计算两个以上源的贡献情况，则需要有更多的稳定同位素种类（如 ^{15}N、^{18}O），原理仍然是利用质量平衡方程计算，这里以三元混合模型的计算为例：

$$\delta^{13}C_T = f_A \delta^{13}C_A + f_B \delta^{13}C_B + f_C \delta^{13}C_C \tag{3.21}$$

$$\delta^{13}N_T = f_A \delta^{13}N_A + f_B \delta^{13}N_B + f_C \delta^{13}N_C \tag{3.22}$$

$$f_A + f_B + f_C = 1 \tag{3.23}$$

此时三个未知数 f_A、f_B、f_C 对应有三个方程式，能够进行求解，得出三个来源的各自占比，更多源的混合模型可以以此类推（林光辉，2013）。

3.2.4 稳定碳同位素的自然标记和人工标记技术

通过碳稳定同位素标记技术来研究碳在环境中的周转与归趋具有许多优良的性质。相比于传统的含量鉴定和生物标志物手段，稳定碳同位素示踪可以以极高的灵敏度对分子水平的碳进行识别和追踪。在追踪温室气体的释放、SOM 的固存、持久性有机污染物的迁移分解途径等研究方向都有广泛的应用，大大提高了研究者对不同情景下碳的变化的鉴别能力。目前碳稳定同位素的标记技术可以分为自然标记技术（natural labeling techniques）和人工标记技术（artificial labeling techniques）（Amelung et al.，2008）。

1. 自然标记技术

顾名思义，自然标记就是利用自然中存在的物质本身的稳定同位素组成差异进行示踪研究。最常用的自然标记物质是 C_3 和 C_4 植物。C_3 植物是指经历 C_3 光合作用的植物，CO_2 先固定在一种名为 3-磷酸甘油酸（3-phosphoglyceric acid，3-PGA）的 3-C 化合物中，大部分的植物都是 C_3 植物；C_4 植物是指经历 C_4 光合作用的植物，CO_2 最初固定在 4-C 化合物中，如苹果酸（malicacid）或天冬氨酸（aspartic acid），仅有 1%～5%的植物是 C_4 植物，包括重要的作物物种——玉米、甘蔗和高粱（Staddon，2004）。

C_3 和 C_4 植物在进行光合作用时固定二氧化碳过程的差异，产生不同程度的分馏效应，导致二者具有不同的 $\delta^{13}C$。进行 C_3 光合作用途径的植物 $\delta^{13}C$ 为–32‰～–22‰（平均约–27‰），而 C_4 植物的 $\delta^{13}C$ 为–17‰～–9‰（平均约–13‰）。二者之间差异达到了 14‰，差异显著，在自然的气候变化等过程中很难达到如此大的分馏效应，因此是良好的标记物质（Amelung et al.，2008）。

植被会向土壤中输入有机碳，不同的植被作物决定了土壤有机质的碳稳定同位素丰度，特别是有人为活动的农业系统土壤。借助自然标记技术，研究者们能够探究不同碳源的归趋情况。例如，追踪土壤中有机质的周转过程时，可以采用 C_4 植物的某一部位对 C_3 土壤进行标记（反之亦可以），结合实验设计，再通过混合模型的计算可以获得新输入碳的周转踪迹。除此之外，还可以进行农业生态系统种植类型和土地管理变化的溯源探究。

2. 人工标记技术

人工碳稳定同位素标记技术的常见方法是借助具有与自然空气不同 $\delta^{13}C$ 的人工 CO_2 气体对实验植物进行培养。首先需要搭建能够调控气体流量的密闭培养室，在不改变其他环境因子的前提下，人为将 CO_2 水平提高到比当前环境值（约 380ppm）高 100～200ppm 的水平。并且，人为提供的 CO_2 具有与自然大气中的 CO_2 显著不同的 $\delta^{13}C$，一般情况下，自然大气的 $\delta^{13}C$ 约为–8‰。如此可以改变植物培养箱内整体的 CO_2 的 $\delta^{13}C$（Amelung et al.，2008）。人为提供标记气体的过程可以是长期的连续标记，也可以是周期性的脉冲标记，在该条件下培养得到的植物具有与自然植物显著不同的 $\delta^{13}C$，因此能够作为 ^{13}C 的人工标记材料。在实际研究过程中，需要根据实验设计的需要来选择人工标记物质的 $\delta^{13}C$ 大小。

　　另外一类常见的技术是在培养基中加入 ^{13}C 标记过的底物，可以是葡萄糖、氨基酸、复杂的植物源有机质或商品化的 ^{13}C 标记蔗糖。这种标记方法主要用于探究土壤生态学中与微生物相关的复杂周转过程，包括土壤微生物对底物的利用效率与偏好、土壤动物的取食行为、植物源有机质在土壤中的周转以及菌根真菌菌丝在土壤碳周转中的作用等（Staddon，2004）。

3.3　主要分子生物标志物单体同位素示踪技术应用

3.3.1　脂类单体碳同位素技术应用

　　脂类单体碳同位素技术广泛用于研究古植被和古环境重建领域，目前研究者主要关注烷烃、脂肪酸、萜类等脂类单体同位素。在早期，大部分研究者利用脂质单体同位素识别沉积物有机质的来源，尝试区分陆源植物和水生植物，研究植物和微生物源对沉积物有机质的贡献（Volkman et al.，2008；Duan et al.，2005；Duan and Wang，2002；van Dongen et al.，2002）。此外，研究者也研究成岩作用对脂质单体同位素的影响（Nguyen Tu et al.，2004），比较了排水良好的降解的银杏叶和银杏化石的烷烃单体同位素比值的差异，首次确认了潜在成岩作用对高等植物沉积烷烃同位素组成的影响。该结果表明，烷烃的同位素组成比整体叶片更容易受到降解的影响；并证实了化石和沉积有机质的同位素变化总体上可能比排水良好的土壤有机质的同位素变化更小。此外，研究者也相继研究了不同（C3，C4 和景天科酸代谢）光合途径对植物叶蜡正构烷烃的 δ^{13}C 和 δD 的变化，发现不同光合途径的 δ^{13}C 和 δD 呈现一定的相关性，且趋势相反，研究指出，碳和氢同位素技术的联合使用可以更好地对源进行精准识别（Bi et al.，2005）。林田等（2005）对类脂化合物单体碳同位素在古气候环境（如湖泊相沉积、海相沉积环境以及泥炭方面）的陆源有机质的来源及其反应的植被历史变迁和区域性古气候环境的重建进行了较为全面的综述。一些研究者研究纬度梯度、生长季节引起的光照水平变化以及干旱程度等气候环境变化对植物叶片中脂类单体同位素尤其是正构烷烃单体同位素组成的变化（Schwab et al.，2015；Duan and He，2011；Lockheart et al.，1997）。这些研究环境因素对植物叶片中单个脂质的 δ^{13}C 影响的成果，可以为使用脂质单体同位素作为识别沉积和化石脂质反应古环境变化的指标提供更充分的认识。黄咸雨和张一鸣（2019）通过脂类单体同位素技术对湖沼古环境和古生态的重建研究进展进行了综述，该综述系统介绍了高等植物脂类和微生物脂类单体同位素技术在近些年湖泊、沼泽沉积物中的有机质来源、分布和贡献的应用，并重点强调应加强多种脂类单体碳同位素的联合、同一脂类单体碳和氢同位素的耦合方法在溯源和生态重建中的研究，同时应加强脂类单体碳同位素在微生物地球化学过程对全球气候变化的响应研究。最近，研究者通过 ^{13}CO$_2$ 脉冲跟踪标记和化合物特异性同位素分析追踪成熟山毛榉（*Fagus sylvatica*）树叶片如何调节叶蜡脂肪酸和正构烷烃的生物合成，选择阳光暴晒和遮荫条件下对成熟山毛榉树进行 ^{13}CO$_2$ 脉冲追踪标记实验，通过分析标记后的正构烷烃和脂肪酸的 δ^{13}C 变化反映其组分的新生生物合成，并发现暴露在阳光下的叶片的正构烷烃浓度高于遮荫叶片，δ^{13}C 具有较大的差异。与此同时，与遮阳叶片相比，暴露在阳光下的叶片将更多地被同化的 C 投入次生代谢产物中（如脂质）。这表明成熟的山毛榉树能够调节其脂质生成和组成，以适应树冠内和研究期间的微小气候变化（Speckert et al.，2023）。未来深入理解有机质的生物地球化学过程与全球气候变化响应方面可能需要考虑人工加标碳同位素技术。

3.3.2 木质素单体碳稳定同位素技术应用

稳定同位素技术可以应用于植物源有机碳的识别。木质素是由维管植物特异性合成的酚类大分子，木质素的化学结构具有相对抗性，其在陆地和水生环境中作为植物源有机质的重要代表性化合物（Kögel，1986）。通过传统的碱性氧化铜方法提取得到的木质素酚单体受提取样品的性质以及提取效果影响，不能够完全准确地表达原始的植物源信息。气相色谱仪-燃烧-稳定同位素比例质谱仪（GC-C-IRMS）技术的发展为木质素单体稳定同位素的准确识别提供有力的技术支持，经过标记的木质素酚单体可以被 GC-C-IRMS 准确识别，再配合稳定同位素溯源分析，弥补了木质素酚类生物标志物提取方法的不足（Amelung et al.，2008）。到目前为止，已经有大量关于木质素单体稳定同位素的相关研究。

Goñi 和 Eglinton（1996）率先将氧化铜提取木质素酚单体生物标志物技术与气相色谱-稳定同位素比例质谱技术联用，精确校正了衍生化试剂带来的外源碳引入对样品同位素丰度值的影响。Goñi 和 Eglinton（1996）首次针对木质素酚单体化合物的同位素特征值进行分析评价，得到 C_3 植物和 C_4 植物来源木质素酚的平均 $\delta^{13}C$ 分别为$-30.4‰\pm3.9‰$ 和$-16.9‰\pm2.7‰$，为木质素单体碳稳定同位素示踪的后续应用提供技术支持。

木质素作为植物源的大分子有机质的代表，究竟能否在土壤环境中长久地保存是人们一直以来关心的问题。Bahri 等（2006）通过在巴黎盆地地区利用玉米（C_4植物）自然标记小麦种植区 1～9a 的实验，得到木质素单体同位素分馏的原位动力学特征。发现新输入的植物源木质素在周转过程中具有单体特异性，即紫丁香基（S）和肉桂基（C）的木质素酚积累速度快于香草基（V），且相对于 V 单体而言，醛类化合物的积累速度也比酸类物质要快，而 S 单体的趋势则相反，体现出生物标志物单体同位素联用技术在分子水平上进行原位示踪时的显著优势。Heim 和 Schmidt（2007）通过自然同位素原位标记（C_3 和 C_4 植被变化）23 年的草地土壤以及人工标记耕地表层土的对比实验，研究了不同地块中的木质素单体积累状况，结果表明木质素的周转速率（草地 5～26a，耕地 9～38a）比 SOM 整体周转速率（草地 20～26a，耕地 51a）更快。然而，Hofmann 等（2009）在后续的研究中发现，在经过 18 年植被周转（C_3 土壤种植 C_4 作物玉米）的耕地土壤中，大约 2/3 的木质素来源于初始的 C_3 作物，而来源于新投入的玉米作物的木质素仅占 10%，由此表明木质素分布在周转速率不同的碳库中。

借助木质素单体碳稳定同位素技术可以对植物源有机碳进行溯源探究。Bianchi 等（2011）在密西西比河流域河口地带根据沉积物样本得到了木质素单体化合物的同位素信息，进一步利用混合模型计算，发现春季陆架上有机碳最大输入源为海洋碳库，而秋季河流源碳库的输入量占比最高，为沉积物的溯源分析提供了思路。Panettieri 等（2017）在草地退耕还林的土地利用变化过程中引入自然同位素标记，发现木质素酚单体物质大部分来源于原有的草地利用类型土壤，说明植物凋落物的质量变化与土地利用类型转变关系密切，需要在分子水平上（如木质素酚类单体生物标志物）对土壤生态系统进行全面评估。

目前木质素单体的提取方法仍然是建立在传统的碱性氧化铜提取法上的，不可避免地导致生物标志物分子信息的偏差。Lee 等（2019）采用 C、H 双稳定同位素标记的方法研究木质素酚单体的甲氧基变化情况，证实氧化铜方法提取木质素酚单体会低估甲氧基酚类数量。结果表明，不同的地质沉积物（褐煤、烟煤）甲氧基团中的甲基浓度会随着成岩作用的深化而升高，随煤化作用的深入而降低，因此可以作为新的表征沉积物转化趋势的手段。未来在利用木质素生物标志物单体稳定同位素技术时，建议联合多种同位素识别与更精密的原位表征手段，减少实验提取过程产生的误差导致的生物分子信息的理解偏差。

3.3.3　BPCAs 单体碳同位素分析技术应用

研究者使用 BPCAs 作为黑炭的特异性分子生物标志物（Glaser，1998）来描述土壤中黑炭或高缩合度有机质的含量并推演火烧历史。同目前大多数研究一样，在同位素分析之前，用气相色谱分离 BPCAs 后再进行 $\delta^{13}C$ 测定（Glaser and Knorr，2008）。然而，在色谱分离之前需要衍生化以增强化合物的挥发性，在这个过程中引入了新的碳源，进而会导致 $\delta^{13}C$ 的测量出现偏差。为了克服此种缺陷，研究人员开发了高效液相色谱-燃烧同位素比例质谱仪（high-performance liquid chromatography combustion isotope ratio mass spectrometer，HPLC-C-IRMS）BPCAs 分析技术，这一技术消除了衍生化步骤，减少了样品制备时间、处理和衍生化带来的潜在误差（Glaser and Knorr，2008）。后来研究者在实验中发现，HPLC 流动相中含有的有机改性剂和有机溶剂也会影响 BPCAs $\delta^{13}C$ 的测量。因此，在之后的研究中有必要开发纯水、无碳分离条件，以进行在线 HPLC-C-IRMS 分离和分析 BPCAs 特定的稳定碳同位素组成（Yarnes et al.，2011）。

Goranov 等（2021）分析了重质玛雅酸原油和轻质马林平台原油（MPCO）及其各自的沥青质馏分。通过定量 BPCAs，发现相对于 MPCO 沥青质，玛雅酸性沥青质含有更高数量的稠环芳香核（ConAC）。单个 BPCA 的 $\delta^{13}C$ 表明，相对于 MPCO 沥青质，玛雅酸性沥青质 ^{13}C 相对贫乏，这些结果说明 BPCA 特有的 $\delta^{13}C$ 信息可能是表征岩石样品以及区分沥青质中稠合芳香岩心构造的一种有用方法。此外，Wagner 等（2017）评估了各种环境样品（土壤、木炭、气溶胶和溶解有机物）中黑炭的 $\delta^{13}C$，发现不同样品类型的 BPCAs $\delta^{13}C$ 与总 OC $\delta^{13}C$ 存在偏差。但是，B5CA 和 B6CA 的稳定碳同位素组成通常与整体有机碳的稳定碳同位素组成相关。由于环境样本的稳定同位素组成涵盖了一个很宽的动态范围，BC 的 $\delta^{13}C$ 将有助于追踪 BC 来源。例如，从海洋溶解有机物质（dissolved organic matter，DOM）中提取的 BPCAs 相对于从河流 DOM 中提取的 BPCAs 更富集 ^{13}C，这表明河流并不是海洋中溶解黑炭的唯一来源。

显然，同位素技术可作为 BPCAs 分子标志物技术的一个重要补充，利用 BPCA 单体的稳定同位素技术（如 ^{13}C）能更准确地描述环境中黑炭的迁移和转化。

我们总结了不同前体物质获得的 B5CA 和 B6CA 的 $\delta^{13}C$：

B5CA-$\delta^{13}C$ = (-28.36 ± 0.0)‰，B6CA-$\delta^{13}C$ = (-28.65 ± 0.13)‰ 玛雅酸原油

B5CA-$\delta^{13}C$ = (-27.58 ± 0.35)‰，B6CA-$\delta^{13}C$ = (-27.31 ± 0.01)‰ 马林平台轻质原油（Goranov et al.，2021）

B5CA-$\delta^{13}C$ = (-26.80 ± 0.74)‰，B6CA-$\delta^{13}C$ = (-26.95 ± 0.56)‰ 木炭（Glaser and Knorr，2008）

然而，目前 BPCA 单体同位素技术在环境中的应用仍较为有限。面对生物炭在土壤改良和修复应用的持续增加，BPCA 单体 ^{13}C 技术将在量化和评估生物炭在生态系统中的迁移、转化等方面具有巨大应用潜力。

3.4　本 章 小 结

本章主要介绍了分子生物标志物和碳同位素技术的基本概念、方法以及应用，重点介绍了目前在 SOM 周转中重要的几种分子生物标志物，如植物源分子生物标志物木质素、脂类，微生物源分子生物标志物脂类、氨基糖等，同时介绍了苯多羧酸分子生物标志物在识别有机质稠环芳香碳方面的优势；此外总结了分子生物标志物与碳同位素耦合技术的应用。

参 考 文 献

陈岳龙，杨忠芳，赵志丹，2005. 同位素地质年代学与地球化学. 北京：地质出版社.

黄国培，陈颖军，田崇国，等，2016. 液相色谱-质谱法分析黑碳的分子标志物：苯多羧酸和硝基苯多羧酸. 色谱，34（3）：306-313.

黄咸雨，张一鸣，2019. 脂类单体碳同位素在湖沼古环境和古生态重建中的研究进展. 地球科学进展，34（1）：20-33.

林光辉，2013. 稳定同位素生态学. 北京：高等教育出版社.

林田，郭志刚，杨作升，2005. 类脂化合物单体碳稳定同位素在古气候环境研究中的意义. 地球科学进展，20（8）：910-915.

张治国，胡友彪，郑永红，等，2016. 陆地土壤碳循环研究进展. 水土保持通报，36（4）：339-345.

Acksel A，Amelung W，Kühn P，et al.，2016. Soil organic matter characteristics as indicator of Chernozem genesis in the Baltic Sea Region. Geoderma Regional，7（2）：187-200.

Amelung W，Brodowski S，Sandhage-Hofmann A，et al.，2008. Chapter 6 combining biomarker with stable isotope analyses for assessing the transformation and turnover of soil organic matter. Advances in Agronomy，100：155-250.

Angst G，Nierop K G J，Angst Š，et al.，2018. Abundance of lipids in differently sized aggregates depends on their chemical composition. Biogeochemistry，140（1）：111-125.

Bahri H，Dignac M F，Rumpel C，et al.，2006. Lignin turnover kinetics in an agricultural soil is monomer specific. Soil Biology and Biochemistry，38（7）：1977-1988.

Bai Z，Bodé S，Huygens D，et al.，2013. Kinetics of amino sugar formation from organic residues of different quality. Soil Biology and Biochemistry，57：814-821.

Barder M J，Crawford D L，1981. Effects of carbon and nitrogen supplementation on lignin and cellulose decomposition by a *Streptomyces*. Canadian Journal of Microbiology，27（8）：859-863.

Bi X H，Sheng G Y，Liu X H，et al.，2005. Molecular and carbon and hydrogen isotopic composition of n-alkanes in plant leaf waxes. Organic Geochemistry，36（10）：1405-1417.

Bianchi T S，Wysocki L A，Schreiner K M，et al.，2011. Sources of terrestrial organic carbon in the Mississippi plume region:

evidence for the importance of coastal marsh inputs. Aquatic Geochemistry，17（4）：431-456.

Chang Z F，Tian L P，Li F F，et al.，2018. Benzene polycarboxylic acid：a useful marker for condensed organic matter，but not for only pyrogenic black carbon. Science of the Total Environment，626：660-667.

Coplen T B，2011. Guidelines and recommended terms for expression of stable-isotope-ratio and gas-ratio measurement results. Rapid Communications in Mass Spectrometry，25（17）：2538-2560.

de Blas E，Almendros G，Sanz J，2013. Molecular characterization of lipid fractions from extremely water-repellent pine and eucalyptus forest soils. Geoderma，206：75-84.

Dittmar T，2008. The molecular level determination of black carbon in marine dissolved organic matter. Organic Geochemistry，39（4）：396-407.

Duan Y，He J X，2011. Distribution and isotopic composition of n-alkanes from grass，reed and tree leaves along a latitudinal gradient in China. Geochemical Journal，45（3）：199-207.

Duan Y，Wang Z P，2002. Evidence from carbon isotope measurements for biological origins of individual longchainn-alkanes in sediments from the Nansha Sea，China. Chinese Science Bulletin，47（7）：578-581.

Duan Y，Zhang H，Zheng C Y，et al.，2005. Carbon isotopic characteristics and their genetic relationships for individual lipids in plants and sediments from a marsh sedimentary environment. Science in China Series D：Earth Sciences，48（8）：1203-1210.

Glaser B，Haumaier L，Guggenberger G，et al.，1998. Black carbon in soils：the use of benzenecarboxylic acids as specific markers. Organic Geochemistry，29（4）：811-819.

Glaser B，Knorr K H，2008. Isotopic evidence for condensed aromatics from non-pyrogenic sources in soils-implications for current methods for quantifying soil black carbon. Rapid Communications in Mass Spectrometry，22（7）：935-942.

Goñi M A，Eglinton T I，1996. Stable carbon isotopic analyses of lignin-derived CuO oxidation products by isotope ratio monitoring-gas chromatography-mass spectrometry（irm-GC-MS）. Organic Geochemistry，24（6-7）：601-615.

Goranov A I，Schaller M F，Long J A Jr，et al.，2021. Characterization of asphaltenes and petroleum using benzene polycarboxylic acids（BPCAs）and compound-specific stable carbon isotopes. Energy & Fuels，35（22）：18135-18145.

Heim A，Schmidt M W I，2007. Lignin turnover in arable soil and grassland analysed with two different labelling approaches. European Journal of Soil Science，58（3）：599-608.

Hofmann A，Heim A，Christensen B T，et al.，2009. Lignin dynamics in two ^{13}C-labelled arable soils during 18 years. European Journal of Soil Science，60（2）：250-257.

Jeewani P H，Luo Y，Yu G H，et al.，2021. Arbuscular mycorrhizal fungi and goethite promote carbon sequestration via hyphal-aggregate mineral interactions. Soil Biology and Biochemistry，162：108417.

Joergensen R G，2018. Amino sugars as specific indices for fungal and bacterial residues in soil. Biology and Fertility of Soils，54（5）：559-568.

Kögel I，1986. Estimation and decomposition pattern of the lignin component in forest humus layers. Soil Biology and Biochemistry，18（6）：589-594.

Kaur G，Mountain B W，Hopmans E C，et al.，2011. Preservation of microbial lipids in geothermal sinters. Astrobiology，11（3）：259-274.

Lee H，Feng X J，Mastalerz M，et al.，2019. Characterizing lignin：combining lignin phenol，methoxy quantification，and dual stable carbon and hydrogen isotopic techniques. Organic Geochemistry，136：103894.

Li F F，Pan B，Zhang D，et al.，2015. Organic matter source and degradation as revealed by molecular biomarkers in agricultural soils of Yuanyang Terrace. Scientific Reports，5：11074.

Lockheart M J，Van Bergen P F，Evershed R P，1997. Variations in the stable carbon isotope compositions of individual lipids from the leaves of modern angiosperms：implications for the study of higher land plant-derived sedimentary organic matter. Organic Geochemistry，26（1-2）：137-153.

Nguyen Tu T T，Derenne S，Largeau C，et al.，2004. Diagenesis effects on specific carbon isotope composition of plant n-alkanes. Organic Geochemistry，35（3）：317-329.

Panettieri M，Rumpel C，Dignac M F，et al.，2017. Does grassland introduction into cropping cycles affect carbon dynamics through changes of allocation of soil organic matter within aggregate fractions？Science of the Total Environment，576：251-263.

Roth P J，Lehndorff E，Brodowski S，et al.，2012. Differentiation of charcoal，soot and diagenetic carbon in soil：method comparison and perspectives. Organic Geochemistry，46：66-75.

Schwab V F，Garcin Y，Sachse D，et al.，2015. Effect of aridity on δ^{13}C and δD values of C_3 plant-and C_4 graminoid-derived leaf wax lipids from soils along an environmental gradient in Cameroon（Western Central Africa）. Organic Geochemistry，78：99-109.

Speckert T C，Petibon F，Wiesenberg G L B，2023. Late-season biosynthesis of leaf fatty acids and n-alkanes of a mature beech（*Fagus sylvatica*）tree traced via $^{13}CO_2$ pulse-chase labelling and compound-specific isotope analysis. Frontiers in Plant Science，13：1029026.

Staddon P L，2004. Carbon isotopes in functional soil ecology. Trends in Ecology & Evolution，19（3）：148-154.

Thevenot M，Dignac M F，Rumpel C，2010. Fate of lignins in soils：a review. Soil Biology and Biochemistry，42（8）：1200-1211.

van Dongen B E，Schouten S，Sinninghe Damsté J S，2002. Carbon isotope variability in monosaccharides and lipids of aquatic algae and terrestrial plants. Marine Ecology Progress Series，232：83-92.

Volkman J K，Revill A T，Holdsworth D G，et al.，2008. Organic matter sources in an enclosed coastal inlet assessed using lipid biomarkers and stable isotopes. Organic Geochemistry，39（6）：689-710.

Wagner S，Brandes J，Goranov A I，et al.，2017. Online quantification and compound-specific stable isotopic analysis of black carbon in environmental matrices via liquid chromatography-isotope ratio mass spectrometry. Limnology and Oceanography：Methods，15（12）：995-1006.

Whalen E D，Grandy A S，Sokol N W，et al.，2022. Clarifying the evidence for microbial-and plant-derived soil organic matter，and the path toward a more quantitative understanding. Global Change Biology，28（24）：7167-7185.

Wong D W S，2009. Structure and action mechanism of ligninolytic enzymes. Applied Biochemistry and Biotechnology，157（2）：174-209.

Yarnes C，Santos F，Singh N，et al.，2011. Stable isotopic analysis of pyrogenic organic matter in soils by liquid chromatography-isotope-ratio mass spectrometry of benzene polycarboxylic acids. Rapid Communications in Mass Spectrometry，25（24）：3723-3731.

Zelles L，1999. Fatty acid patterns of phospholipids and lipopolysaccharides in the characterisation of microbial communities in soil：a review. Biology and Fertility of Soils，29（2）：111-129.

第4章 土壤有机质周转的研究进展

4.1 土壤有机质周转的研究现状

土壤有机质周转是指由输入、分解、转化、输出过程构成的生态系统碳循环过程，这些过程中相关的动力学过程（速率和通量）受环境条件、土壤性质、植被类型、人为利用和管理等诸多因素的影响。土壤有机质形成和分解过程是同时发生的，活性有机物的进入驱动一系列土壤有机质循环转化，其分解产物转化为新的土壤有机质，同时促进原土壤有机质分解，进而更新土壤肥力并反作用于气候变化（张斌等，2022；Liang et al.，2019a）。因此，有机质在土壤中主要发生两类对立过程：矿化过程和腐殖化过程。

植物源有机物是形成土壤有机质的前体，在土壤微生物介导下发生复杂腐解过程，其分解和同化产物与土壤紧密接触形成新的土壤有机质（邵帅等，2017；Castellano et al.，2015；Cotrufo et al.，2015；Lehmann and Kleber，2015；Solomon et al.，2002）。过去认为凋落物的腐殖化和其难降解组分的选择性保护作用是土壤有机质形成的重要控制机制，因而一定程度上忽视微生物对土壤有机质形成所发挥的重要作用。近年来，"微生物高效率和土壤基质稳定框架"假说被提出，不断有研究认为植物源中DOM 经微生物作用后与矿物结合，形成结构高度复杂的土壤矿物结合态有机质，而其中难降解的部分经过物理转运形成颗粒态有机质（Cotrufo et al.，2013）。团聚体层次理论认为，土壤有机质"形成"和"稳定"是两个阶段（张斌等，2022），矿物和团聚体的物理保护作用在 SOM 周转过程中发挥着重要作用。植物源有机质及其微生物分解产物通过地上部分凋落物、地下部分根系及其分泌物等途径输入土壤剖面不同部位，能够与矿物或有机物复合体结合形成更复杂的复合体，从而更稳定地存在于土壤中（张斌等，2022）。

除植物源外，微生物源有机质对土壤有机质的贡献同样重要。土壤微生物通过将不稳定基质转化为微生物处理的化合物或残体物质（包括死细胞成分和细胞外副产物），目前被认为是 SOC 固存的重要参与者（Feng and Wang，2023）。微生物生命周期短，其生长繁殖速率很快，因此土壤中长期稳定地存在大量微生物残体（李芳芳等，2022）。尽管土壤中活体微生物有机质库容小，但死亡微生物残体在土壤中具有更长的周转时间，对有机质长期的固持和积累具有重要意义（Ludwig et al.，2015；Schaeffer et al.，2015；Angel et al.，2012；Benner，2011；Liang and Balser，2011）。Liang 等（2017）提出"微生物碳泵"概念框架，对微生物在土壤碳储存中发挥的重要作用进行表述，首次定义了"续埋效应"，即长期微生物同化过程导致微生物残体的迭代持续积累，促进了一系列微生物残体在内的有机物质形成，最终使此类化合物稳定于土壤中。

目前输入有机物诱导的土壤有机质分解（即激发效应）受到高度关注（Kuzyakov et al.，

2000）。激发效应包括正激发效应（Rousk et al.，2015）、负激发效应（Blagodatskaya et al.，2007）和饱和激发效应（Paterson and Sim，2013）。活性有机物的输入可能促进土壤有机质分解，抑制土壤有机质分解的负激发效应，还可能由于联合作用发生饱和激发效应。土壤有机质激发效应的调控机制可以分为微生物调控和非微生物调控。

激发效应的微生物调控机制有多种解释。首先是微生物生长的调控，输入的活性有机物为土壤中处于饥饿休眠状态的微生物提供能量（De Nobili et al.，2001），将其快速激活，被激活的微生物利用这些有机物快速生长并分泌胞外酶，然后利用与输入有机物结构相似的土壤有机质，即共代谢产生激发效应（Horvath，1972）。有机物的输入也可能促使微生物放弃原土壤有机质而利用新输入的活性有机质，进而由于偏好底物利用产生负激发效应（Blagodatskaya et al.，2007）。其次，微生物可以同化有机输入物，其生长过程中产生的微生物残体作为土壤有机质中的稳定性组分，含有微生物生长所需的丰富养分，在微生物迭代生长过程中可能再利用微生物残体碳来获取生长养分，进而产生激发效应（Cui et al.，2020；Shahbaz et al.，2017）。此外，还有学者认为氮胁迫也可能导致激发效应，贫营养状态中的微生物处于氮胁迫状态，活性有机物输入进一步提高土壤碳氮比，微生物为获取氮而分泌相关酶分解 SOM，加速 SOM 的矿化（Liao et al.，2021；Fontaine et al.，2011）。

SOM 激发效应的非生物调控机制主要与 pH、温度、土壤团聚体和矿物组成有关。温度的变化不仅会直接影响土壤呼吸（陈立新等，2017），还会通过影响酶促反应直接或间接地影响微生物呼吸（Davidson and Janssens，2006），从而改变微生物生物量（Thiessen et al.，2013）、群落组成（Zhang et al.，2021）和碳底物利用效率（Bölscher et al.，2017），进而影响激发效应。土壤团聚体的物理保护作用影响激发效应，团聚体层级模型认为，植物来源的有机物输入土壤后先与土壤颗粒在胶结物质的作用下形成大团聚体，大团聚体易受外界干扰而破碎释放微团聚体（Six et al.，2000），暴露出来的有机质容易被分解，导致大团聚体固体的有机质质量和有机质活性高于微团聚体，而微团聚体结合的有机质滞留时间长且稳定（Six and Paustian，2014）。输入的有机质可以通过配位体交换、络合、氢键、阳离子桥接、缩合及范德瓦耳斯力作用结合土壤矿物质形成有机质-矿物复合体（王磊，2017），加大微生物对土壤有机质的利用难度，使有机质稳定储存（Baldock and Skjemstad，2000）。

土壤有机质的形成和分解都取决于输入有机物的数量和质量、土壤矿物组成、微生物生物量和群落结构。在土壤有机质周转过程中，微生物活动作为枢纽，对土壤有机质的积累和矿化过程均起着十分重要的作用，微生物不仅能够通过分解代谢促进土壤有机质的降解，同时也能通过合成代谢将土壤中可利用碳源转化为更稳定的有机质（Liang et al.，2017）。传统观念认为，木质素在土壤中周转时间长，是 SOM 积累的主要贡献者（Cotrufo et al.，2013）。从分子生物标志物角度考虑，木质素和脂类化合物是植物-土壤碳库模型中用于表征稳定碳库的重要参数。近些年有研究者提出的土壤微生物碳泵（microbial carbon pump，MCP）概念强调了土壤微生物同化合成产物是土壤稳定有机碳库的重要贡献者，其概念体系可以较好地解释土壤有机碳的来源、形成与截获过程（梁超和朱雪峰，2021；Liang et al.，2017）。近年来，基于微生物残体累积在 MAOM 和团聚体的证据表明，在有利于微生物有效利用有机质的环境条件中会形成更多稳定 SOM（Miltner et al.，2012）。关于 SOM 形成和稳定，以微生物为核心概念的证据日益增加，这种以微生物为核心的观点与观察到的植物生物分子也可以较好地保留在稳定 SOM 库中的情况不完全一致。实际上，一些研究报道，即使在适宜微生物生长的条件下，植物源有机质对稳定 SOM 库也有很大的贡献，如 MAOM。尽管已经认识到微生物坏死对土壤有机碳（SOC）固存贡献的重要性，但在全球范围内，还没有对农田、草地和森林生态系统进行量化。20 世纪中期，碳同位素示踪剂指示 SOC 的组成和动态变化在大量的文献资料中已被报道。稳定性同位素示踪法不适用于同种植物类型（δ^{13}C 相近），加上其半衰期达几千年，对 SOM 的预测偏差也会偏大（张治国等，2016）。此外，SOM 受环境因子（如温度、海拔等）的影响，同位素还会发生不同程度的分馏，进一步影响其值的测定（Wang et al.，2008）。这些不一致的观点很有可能是在不同生态系统中环境因子和有机化合物协同作用的结果。因此，有必要围绕环境因子对稳定 SOM 的贡献展开讨论。

SOM 储量受有机碳输入、分解及相关异养呼吸碳输出之间的平衡控制。SOM 是主要由生物控制的一个动态变化过程，但受非生物因素和生物因素的影响，如土壤理化性质、气候条件、农业管理以及土壤生物的相互作用等。因此，关联理解 SOM 的产生机制及其主要影响因素对于精确预测土壤碳动态和土壤对气候变暖的反馈至关重要。

20 世纪中期出现的碳同位素示踪剂使 SOM 动力学研究成为可能。碳年代测定法鉴定出耐腐蚀的物质通常与矿物结合且有几千年的历史，处于土壤剖面深处。与 C3、C4 植物相关的 ^{13}C，其特点是周转缓慢，碳库的年龄从几十年到数百年不等。通过添加示踪剂，结合化合物特异性分析和培养，我们可以确定周转速度快的活性碳库。土壤 DOM 是凋落物渗出、固相吸附、解吸或降解等多重作用的结果，因外界环境因素（如温度、降水和土壤物理化学性质等）差异有所区别。一般认为，潜在 DOM 主要由植物凋落物、根系分泌物、SOM 和微生物生物量碳组成。尽管在过去几十年中，关于 DOM 已开展了大量的研究，但关于其形成、转移与转化速率，以及对环境变化的反应等结论仍然零散，甚至相互矛盾。因此，研究土壤 DOM 动态及持续管理，必须从其影响因子出发，找出其关键限制因子进行调控，是研究土壤有机碳周转的关键。

然而，随着研究的不断深入，有研究指出，分子结构不一定预先决定土壤中有机碳的持久性，环境因素（如土壤类型、有机碳含量和微生物的多样性等）对有机碳周转产生更大的影响。在这些潜在因素中，对土壤矿物质的吸附作用和土壤团聚体内的闭蓄体已被普遍证明可以避免有机碳的分解。此外，矿物在有机碳吸附和稳定性中的作用与有机碳的矿物学、化学性质和土壤条件有关。不同粒度组分（砂、粉、黏）土壤有机碳化学组成特征表明，不同粒度的矿物对不同类型的有机碳具有潜在的保护作用。芳香族碳可能吸附于粗粒粉砂中的矿物中并保存下来，而细颗粒矿物（细粒粉砂和黏土矿物）通常与微生物来源的有机碳有关。^{13}C 周转时间和 ^{14}C 周转年龄的数据（碳水化合物、木质素、脂肪族碳、腐殖质和 BC）进一步验证了土壤有机碳的分子结构并不是唯一决定土壤有机碳周转速率的因素。

4.2 土壤有机质周转的主要影响因素

4.2.1 气候因子对 SOM 周转的影响

1. 温度对 SOM 周转的影响

随着全球气候变暖，气候变化对土壤碳周转的影响受到广泛关注。过去的研究更多关注于表层土有机碳的周转（Salomé et al.，2010），与表层土相比，高山草地深层土壤对激发效应的敏感性更强（Jia et al.，2017）。因此，近年来，越来越多的研究关注到深层土壤碳的周转（Liang et al.，2019b；Heitkötter et al.，2017）。相对于表层土壤，土壤深层碳库由于体积大具有更大的碳储量。由于气候变暖，深层土壤有机碳的矿化可能加速，对气候变化产生正反馈。相反，外源有机碳的输入速率大于 SOM 的分解速率，则会导致负反馈（Davidson and Janssens，2006）。气候变暖加速土壤有机碳周转主要通过两种机制：一方面，大气温度升高导致土壤温度增加，加速酶促反应，促进 SOM 的微生物分解（Davidson and Janssens，2006）。研究结果显示，土壤温度比环境温度升高约 5℃，土壤呼吸增加了 40%，本土有机碳损失 2%，这是因为 SOM 相比新输入的残余碳对温度更具有敏感性。这一结论与 Phillips 等（2016）报道的温度升高 3.7℃，土壤呼吸增加 27% 的结论相符合。另一方面，气候变暖，植物初级生产力增加，凋落物和根系分泌物（如碳水化合物、有机酸和氨基酸等）在土壤中的输入增加，为深层微生物提供更多的不稳定性碳，刺激微生物对土壤有机碳的激发作用（Xu et al.，2014；Fontaine et al.，2007）。有研究者在青藏高原研究了微生物残体新输入碳和 SOM 激发效应对土壤固碳的影响，认为季节性升温，尤其是冬季升温，青藏高原下层土壤中活性有机碳组分减少，微生物偏好利用下层有机碳进行合成代谢，有利于产生正激发效应。此外，升温还会增加微生物的数量，改变微生物的群落结构（Jia et al.，2017）。此外，研究者发现，气候变暖使微生物生物量碳（microbial biomass carbon，MBC）和真菌生物标志物减少，群落结构向革兰氏阳性菌和放线菌转移，放线菌的分解能力大于真菌，同样表明升温能促进有机碳的降解（Frey et al.，2008）。然而，也有不少学者认为，变暖并不一定会加速有机质的降解。Tian 等（2022）在青藏高原进行了试验，通过全年变暖、冬季变暖和不变暖三种不同的处理，量化微生物对典型高山草甸季节性变暖的响应，发现与全年变暖或不变暖处理相比，冬季变暖下的生态系统呼吸减少了 17%～38%，真菌和控制碳分解的功能基因丰度显著降低。此外，冬季变暖也能减缓大团聚体中有机质的周转率，大团聚体中稳定有机碳增加了 56%，细颗粒有机质的含量增加了 75%。这表明，冬季变暖会降低土壤中微生物活性，从而增强被物理保护的微生物源有机质的稳定性。同时，研究者认为，升温对于土壤碳库贡献的关键是确定在更高的温度下，自养型生物和异养型生物的活性变化（Briones et al.，2021）。

2. 水分对 SOM 周转的影响

土壤水分可以通过改变土壤通气性影响微生物数量与活性，还可以增加土壤中 DOM

的有效性和迁移性，间接影响有机碳的周转。农田土壤因水分调控差异影响有机碳周转
以及稳定机制，最为典型的就是水田和旱地两种主要耕作模式。研究表明，水田的固碳
能力较旱地高，有机碳降解慢（Zhang et al.，2018）。其主要保护机制归因于水田的限氧
条件或铁诱导的氧化还原促使土壤中形成更多的无定形铁铝矿物-有机质复合体（Li
et al.，2021a；Wei et al.，2017）。室内模拟实验也证明了易降解有机碳在水田中较旱地具
有更低的激发效应和矿化程度，部分原因是水田限氧条件抑制了真菌的活性（Qiu et al.，
2017）。此外，因周期性氧化还原过程或干湿交替，水田加速了土壤团聚体团聚-解聚循
环以及 Fe^{2+}/Fe^{3+} 的循环，促进输入的新鲜有机碳更易、更快地与矿物结合稳定，尤其是
无定形铁铝氧化物与芳香碳有机组分的结合，从而抑制新鲜有机碳的降解，而在旱地中
这种现象较少存在，新鲜有机质更易进入轻组分颗粒态有机质中，从而被生物降解（Atere
et al.，2020）。但也有研究发现，旱地土壤中一些易降解有机碳也可能优先与矿物结合，
而并非来自颗粒态有机质（POM）的降解产物（Haddix et al.，2020）。因此，未来更多
的研究需要从分子水平上利用生物标志物单体同位素等分子技术，探究旱地和水田不同
农田管理措施下有机碳的稳定机制。此外，对于旱地而言，通过合理的灌溉调节水分也
可以提高土壤有机碳的含量，如深根灌溉，通过增加深层土壤根周边的水分刺激植物生
长，提高土壤有机碳含量，特别是对于干旱或半干旱地区旱地的效果可能更为显著（Chenu
et al.，2019）。

3. CO_2 浓度对 SOM 周转的影响

随着经济的快速发展，CO_2 排放逐年增加。据报道，大气 CO_2 的平均浓度逐步上升，
到 2013 年首次超过了 397.3ppm，2021 年 2 月大气环境的 CO_2 浓度约为 417ppm。CO_2 浓
度升高促进植物光合作用，增加根系沉积物和凋落物输入，土壤中微生物的活性增强，
不稳定碳输入增加导致 SOM 周转速率加快（Cheng and Johnson，1998），同时地下植物
源有机碳（如根系分泌物）的输入增加，增强了微生物氮的固氮和循环作用（Phillips et al.，
2012）。研究者通过 Meta 分析发现，在不同生态系统类型下，CO_2 浓度升高增加了细菌
生物量、微生物量碳、革兰氏阴性细菌和酸杆菌门丰富度，但降低了真菌和细菌的比值、
革兰氏阳性菌和革兰氏阴性菌的比值、酸杆菌和变形菌的比值。这些微生物群落结构的
变化符合 r 型对策/K 型对策选择理论，CO_2 浓度升高使微生物群落结构由 K 型对策转为
r 型对策，促进了新鲜碳的分解，有利于土壤激发作用（Sun et al.，2021）。此外，在大气
CO_2 浓度升高的背景下，CO_2 浓度升高短期内也会直接影响土壤微生物群落结构和生态功
能。例如，碳循环功能微生物类群丰度增加，通过促进代谢活性提升微生物生物量碳
（MBC）含量，进而原有老的 SOM 碳库会进行更加强烈的降解和周转（Naylor et al.，2020）。
在自然生态系统中，CO_2 浓度升高还可能改变植物的群落结构，这是因为在土壤-植物系
统中外界的植物具有强大的氮素获取能力（Wolkovich et al.，2010）。在氮受限制的条件
下，根系与微生物之间对氮的吸收形成强烈的竞争，使得土壤微生物通过激发作用去矿
化更多的氮，这恰好与"氮开采理论"一致。相反，土著植物群落通过增强有效碳的释
放，加速微生物的周转和微生物生物量氮的释放，以缓解根际土壤中氮的限制（Phillips
et al.，2012，2011）。

4. 氮沉降对 SOM 周转的影响

氮沉降是元素氮以气体形式或通过干沉降或湿沉降两种不同的方式从大气进入生物圈的过程。人为氮沉降主要来源于全球化石燃料燃烧产生的氮氧化物和农业化肥中使用的氮等。氮沉降和变暖都有可能通过微生物活动和分解的变化来影响土壤有机碳周转过程，然而人们关于这些全球变化因素在不同的生态系统中的综合影响知之甚少。Cusack 等（2010）发现，氮肥施加显著增加了周围土壤中有机碳的含量，降低了异养呼吸。值得注意的是，随着氮肥的施加，不同碳库中碳含量的增加并不是均匀的，活性碳库中有机碳降解速率更快，惰性碳库中有机碳的周转时间更长。这种变化与土壤中微生物胞外酶活性变化相对应。活性碳库中碳含量越低，水解酶活性越高；在施氮肥土壤中，缓慢循环的碳库周转时间越长，降解更复杂的碳化合物的氧化酶活性越低。此外，Liao 等（2021）研究发现，随着氮含量增加，深层土壤中的激发效应显著降低，这归因于氮调控的激发效应不依赖于胞外酶活性，而与微生物碳利用效率呈正相关。换言之，与低氮水平培养的土壤相比，高氮水平培养后土壤微生物生物量和微生物源有机碳含量更高。氮沉降不仅可以通过改变微生物活性直接改变碳周转，还会通过改变植物群落特征间接影响丛枝菌根真菌的生物量、群落组成与多样性（Chen et al.，2017），抵消 CO_2 增加导致的 SOM 快速降解，进而表现出土壤固碳潜力（Treseder and Allen，2000），其主要作用机制可能是氮沉降导致土壤可利用氮含量增加。另外，氮沉降增加给微生物带来的影响也与土壤碳供应有关，当生态系统长期处于氮充沛状态时，植物倾向于将更多的碳用于自身生长，进而供应给土壤微生物的碳减少，抑制微生物生长（Vance and Chapin，2001）。

5. 火灾对 SOM 周转的影响

森林火灾是影响森林土壤生物、化学和物理属性的关键生态系统调节剂。林火干扰作为特殊而重要的非生物因子，对土壤有机质的分解、转化、淋溶、侵蚀等过程产生重要影响，其影响程度主要取决于火灾类型、林火强度、火烧季节、火烧持续时间、火后降水时间等。有研究表明，森林火灾会造成土壤有机碳大量损失（Novara et al.，2011）。燃烧条件的不同导致所产生的影响差异很大，故 SOM 的损失也不尽相同。一般来说，SOM 挥发的温度较低（100～200℃），然而森林火灾火场的温度远超 200℃。当森林火灾温度达到 200℃后，土壤中凋落物开始炭化，300℃后土壤结构改变，从而促进土壤大分子比例增多，例如生物炭。火场高温导致土壤中的大部分有机质在燃烧过程中被消耗，只有部分土壤有机碳储存在稳定的碳库中（Certini，2005）。近年来，国内外学者加强了林火干扰对土壤有机碳库构成、土壤有机碳稳定性、胶体组成、土壤有机质及腐殖质等方面的影响的研究。许多研究表明，林火干扰后地表凋落物分解并产生大量的灰分等物质，增强了对太阳辐射的吸收作用，使得地表温度升高的同时，也使表层土壤有机碳大量分解，进而影响森林生态系统的物质循环和能量流动（胡海清等，2013）。火灾严重程度（火烈度）对土壤有机质的影响主要包括轻微蒸馏（次要成分的挥发）、炭化或完全氧化。在高强度林火干扰中，通常会发现 SOC 显著减少（Wang et al.，2012）；而在轻度林火干扰中，低温导致有机质不完全燃烧，对表层土壤有机碳储量的影响不明显（Neill et al.，2007）。

Bennett 等（2014）研究发现，林火对澳大利亚桉树林土壤碳库有较大影响，火后有机碳含量增加。这表明林火干扰对土壤有机碳的影响根据初始土壤值和植被类型及不同火强度（火烧时的温度和停留时间）呈现出较大差异。

Hatten 和 Zabowski（2009）在实验室模拟了不同强度的林火干扰，高强度林火干扰导致矿质土壤最初具有较高的碳矿化速率。Guerrero 等（2005）研究表明，矿质土壤被加热至 500℃时，碳矿化速率增加，但在 500℃以上时因总碳的减少和难分解物质的增加，矿化速率降低。矿化过程虽然为植物生长提供了矿质养分，但因有机质分解过快而造成养分浪费，难以形成腐殖质，进而破坏土壤物理性质，使土壤肥力水平下降，甚至使土壤退化（Fernández et al.，1999）。在小尺度范围内，在同一研究区域内这些因素的高度异质性促使林火干扰对 SOC 空间异质性的影响也比较大。林火干扰主要通过地表水热条件变化对凋落物的分解速率产生影响，进而影响 SOC 的储量和周转时间。Kirschbaum（2000）认为，土壤温度的升高可加快 SOC 的周转速率，降低周转时间。总之，小尺度林火干扰对土壤有机碳的即时影响是使其储量下降，但长期来看，林火干扰改变了有机碳在土壤剖面的构成并重新分配，继而形成稳定的土壤有机碳，有利于土壤碳库的封存。Fernández 等（1999）使用双指数模型评估高强度野火对西班牙西北部樟子松（*Pinus sylvestris*）和海岸松（*Pinus pinaster*）的活性和惰性有机碳及其相关动力学参数的影响，显示惰性有机碳的矿化速率始终低于未过火样地。Adkins 等（2019）研究不同林火干扰对内华达山脉混交针叶林土壤各碳库的影响，结果表明，惰性有机碳库的平均驻留时间在重度林火干扰中最大，这表明火灾产生更多惰性有机碳（比如火成碳），其更大的芳香稠环结构导致其具有更长的周转时间。

4.2.2　土壤理化性质对 SOM 周转的影响

1. 土壤矿物对 SOM 周转的影响

土壤矿物组分不仅通过吸附过程控制土壤溶液中的有机碳，而且土壤矿物在土壤团聚体形成中也很重要，间接限制了氧和水的扩散（Six et al.，2004），最终使土壤中的有机碳不易受微生物降解的影响（Angst et al.，2017），易降解有机碳的周转时间延长。传统的研究认为，不稳定碳的输入会增强土壤有机质的激发效应，在细颗粒土壤中由于矿物的物理性保护限制了土壤微生物对土壤有机碳和营养物质的利用，使得土壤激发效应强度减弱（Dungait et al.，2012；Six et al.，2002b）。最近，Mitchell 等（2020）等通过实验发现，在砂粒、粉砂、黏粒三种不同质地的土壤中，黏粒中有机碳的分解作用更强。这可能是因为黏粒具有较高的保水能力，有利于微生物的分解，从而增强黏粒中有机质的激发效应（Fissore et al.，2016）。相反，砂粒中激发效应低是因为水分缺乏限制了酶和底物的扩散，抑制微生物分泌胞外酶降解有机质（Chivenge et al.，2011）。Six 等（2002a）根据土壤水稳定性将团聚体分成了大团聚体（>2000μm）、中团聚体（250~2000μm）、小团聚体（53~250μm）和微团聚体（<53μm）。之前的研究认为，大土壤团聚体中有机碳含量高（Mo et al.，2021；Six et al.，2002b）。土壤激发效应强度随土壤团聚体颗粒的

增大而减弱，可能的原因是：①微生物分解者对小团聚体中的有机质不可接近及其缺氧的环境降低了土壤微生物的活性，从而导致 SOM 的物理保护性，即产生土壤负激发效应（Six et al.，2002b）；②与微团聚体相比，大团聚体和中团聚体中微生物对于碳的利用效率相对较低，微生物的矿化作用减弱（Mo et al.，2021）。然而，土壤不同结构下激发效应的研究仍较少。在不同环境因素（如土地利用方式的改变、气候变化等）下，不同质地的有机碳周转需深入研究。

2. 土壤 pH 对 SOM 周转的影响

土壤 pH 通常被认为是农业土壤中调节有机质周转和无机氮产生的主要因素（Kemmitt et al.，2006）。土壤 pH 也可能通过植物凋落物质量的变化间接影响土壤有机质的碳氮比（C/N）。然而，在某些情况下，较低的土壤 pH 有可能阻碍有机质的分解，而加快硝化作用的速率。尽管对此结论研究者们存在不同看法，但土壤 pH 仍被认为是控制有机物微生物周转的主要因素（Thompson et al.，2017）。研究表明，真菌群落在低 pH 和高 pH 环境下比细菌群落含量更为丰富，且有很多研究都支持土壤 pH 是影响微生物群落结构的一个重要环境因素（Zhalnina et al.，2015；Rousk et al.，2011）。在低海拔地区，土壤 pH 高，微生物的活性低，外源碳的添加强烈地刺激了微生物的活性，加快了 SOM 的降解，即激发效应增强；相反，在高海拔地区，土壤 pH 低，微生物的活性高，外源碳输入对微生物的活性刺激作用减弱，土壤激发效应减弱（Feng et al.，2021）。然而，在研究土壤 pH 的自然梯度时，土壤的物理性质、生物性质和化学性质的总体差异往往是明显的，这使得人们很难区分 pH 对土壤过程的直接和间接影响（Kemmitt et al.，2006）。

3. 化学计量比对 SOM 周转的影响

生态化学计量学描述了元素，特别是碳、氮和磷元素在不同食物资源和消费者以及不同组织水平（如细胞、个体、种群、群落）、不同营养水平和生态系统水平上的比值。目前，森林生态系统受到全球变化的影响，极大地改变了生物地球化学循环，比如碳、氮和磷循环，从而影响净初级生产力（net primary production，NPP），最终改变进入土壤食物网的凋落物的质量和数量。土壤碳氮比（C/N）是评价土壤质量的重要指标，土壤有机质碳氮比代表其生物化学活性，主要通过影响土壤团聚体水稳定性、微生物对有机质的可利用性以及微生物群落组成与活性间接地影响有机质周转过程（周肖瑜，2020）。氮是一种重要的生物元素，其有效性可以调节土壤碳周转的大小和方向（Fang et al.，2018）。氮的添加不仅能够直接影响地上植被的生长，而且对地下土壤微生物活性产生影响（Zhang et al.，2020）。在全球气候变暖的大背景下，氮添加对土壤激发效应影响过程的研究，对理解碳-氮耦合循环具有重要作用。然而，目前养分氮的添加对土壤激发效应的影响在学术界尚未形成统一的认识。De Graaff 等（2006）研究表明，氮的添加促进土壤正激发效应；也有研究报道，氮的添加有利于土壤负激发效应，减缓原本土壤有机质的降解，延长了土壤碳周转的时间（Janssens et al.，2010；Blagodatskaya et al.，2007）；而 Liljeroth 等（1994）报道，氮的添加对土壤碳周转不会产生影响。为解释清楚这一问题，许多研究者在全球范围开展了大量养分添加对激发效应影响的实验，形成了以"氮

开采理论"和"化学计量分解理论（stoichiometric decomposition）"为主的两种对立理
论。"氮开采理论"是指土壤中氮的有效性受到限制时，微生物为满足自身的需求，矿
化土壤中有机碳获得氮；氮含量充足时，微生物利用现成的氮，不会进行矿化作用。"化
学计量分解理论"是指输入的碳氮比适应土壤微生物的胞外增长和生理需求，微生物活
性和土壤有机碳的矿化速率达到最佳（Liao et al.，2021）。近年来，Feng 和 Zhu（2021）
指出，"氮开采理论"在微生物氮限制程度较低的土壤中起主导作用，氮的添加会降低
微生物对氮的挖掘，从而降低激发效应；"化学计量分解理论"在微生物氮受限制程度
较高的土壤中起主导作用，氮的添加能更好地满足微生物对氮的需求，从而促进激发效
应。不同的植物磷获取/利用策略通过影响土壤氮循环间接影响土壤碳周转。氮和磷通常
限制陆地自然和农业生态系统的初级生产力，两者在光合作用、呼吸作用、生产力和陆
生植物多样性中都起着至关重要的作用。一方面，增加氮素输入可以消除氮素限制，提
高光合碳增益和植株生长；另一方面，增加的氮输入可能增加磷的需求，从而导致磷限
制，这可能会影响植物生长和其他生态系统特征。微生物固定氮是氮循环的关键组成部
分，几乎所有之前提到的磷获取/利用策略都可以提高碳氮比。与丛枝菌根真菌相关的丛
枝菌根的形成是一种重要的磷获取策略。超过 70%的陆生维管植物物种可以形成丛枝菌
根。低磷条件下根系分泌物释放（有机酸、酚类物质）可能导致根际微生物活性升高，
这可能导致更大的微生物坏死和 SOM 的形成。为了估计不同磷条件地区的碳储量和通
量，研究人员将磷循环纳入了碳和氮循环模型，但大多数研究只考虑了外部土壤磷有效
性，而忽略了植被磷循环。

4.2.3　土壤生物对 SOM 周转的影响

目前已经有大量的关于土壤有机碳的周转和稳定性的研究，但是人们对其相关的机
制了解仍不够，特别是有关土壤生物对有机碳周转和稳定性的贡献没有受到足够重视。
本书所说的土壤生物只包括土壤微生物和土壤动物，并不包含植物地下部分的根系及其
分泌物。土壤微生物作为土壤的核心驱动力影响着有机碳的周转：一方面，土壤微生物
加速了土壤中易降解有机质的矿化，释放 CO_2，产生土壤激发现象；另一方面，微生物
利用易降解碳组分进行自身合成代谢，将部分碳以能量的形式储存在体内。不同的微生
物对于土壤有机碳的周转也不尽相同。通常而言，根据微生物的生活史策略，细菌（多
为 r 型微生物）更倾向于分解易降解有机碳，而真菌（多为 K 型微生物）更偏好于分解
难降解的有机碳。相对于细菌而言，真菌对分子结构相对复杂的基质具有更高的碳利用
效率（carbon use efficiency，CUE），更易促进 SOM 的形成。此外，由于真菌细胞壁具有
更为复杂的组成，如黑色素、几丁质等难降解化合物，其生物体比细菌生物体更难被降
解。因此，真菌来源的残留物碳较细菌对稳定 SOM 具有更高的贡献（Bonner et al.，2018；
Grover et al.，2015；Frey et al.，2008）。然而，目前对于不同微生物类群 CUE 高低的研
究缺乏准确认识，需结合具体环境因子进行分析。

蚯蚓、蚂蚁以及白蚁等大型土壤动物被认为是重要的生态工程师，在适宜的环境条
件下对土壤结构和养分调控有重大影响，其中蚯蚓是调控土壤团聚体形成和有机碳周转

的重要生物因素。蚯蚓对 SOM 周转的影响主要受两种过程的调控：一方面，蚯蚓通过刺激微生物活动、生物量、丰富度和多样性来增加有机碳的矿化，让更多的有机碳释放到大气中；另一方面，蚯蚓同时摄入凋落物和土壤矿物，砂囊的破碎加速有机质和矿物的相互结合，促进有机无机复合体或者团聚体的形成，可能稳定更多的有机碳（Lubbers et al.，2013）。在温带地区，蚯蚓是土壤中主要的无脊椎动物，这些腐食性无脊椎动物主要摄取有机物（植物凋落物、SOM 和微生物）和土壤矿物颗粒。在摄食过程中，有机残渣被破碎，先前存在的土壤微观结构被破坏。有机组分与矿物颗粒混合，经黏液和真菌菌丝的"桥接"作用，一部分有机碳被同化吸收，另一部分则被矿化。根据现有的研究成果看，长期以来，蚯蚓活动更加倾向于土壤中有机无机复合体的形成，抑或是促进蚯蚓粪团聚体的聚集。这些有机质（蚯蚓粪）被释放到土壤表层，经过一系列的生物扰动最终稳定存在于土壤中。蚯蚓与微生物之间的共生关系促进了肠道运输和蚯蚓粪便中凋落物的分解。随着农业经济发展，绿色农产品的需求日渐增加，有机肥在农田生态系统中的使用量逐年增加，导致农田土壤动物数量大幅上升。土壤动物通过分解植物凋落物和其他高碳农业固体废弃物在碳动态中发挥重要作用，并为微生物的分解提供适宜的环境。然而，与土壤微生物相比，关于大型土壤动物（比如蚯蚓）在分解有机物质方面的直接作用的相关研究有限（Li et al.，2021b）。

最近的一项 Meta 分析表明，蚯蚓导致土壤 CO_2 排放量增加了 33%，但对 SOM 总量没有影响（Lubbers et al.，2013）。蚯蚓生物扰动下 SOM 的稳定是由凋落物碳矿化与稳定之间的周转平衡决定的。研究者指出，随着培养时间的增加，与没有蚯蚓处理组相比，蚯蚓可以在团聚体中稳定更多的植物源碳，而不是增加碳的矿化，其中的关键在于微生物对于碳的利用效率（Zhang et al.，2013）；相反，也有研究报道，在自然土壤环境中蚯蚓能够将植物凋落物转化为微生物残体碳被保存下来，这归因于颗粒有机物对于长期碳固存的重要性，并非矿物表面与大部分微生物碳的相互作用（Angst et al.，2019）。然而，也有文献报道，在矿物存在的条件下，蚯蚓作用下稳定的有机碳可能既有微生物残体碳也有部分植物源碳（Barthod et al.，2021），然而并没有量化二者的相对贡献。后期研究可以借助分子生物标志物和 ^{13}C 标记技术进一步区分蚯蚓活动下"微生物碳泵"对于土壤稳定有机碳的贡献。

4.2.4 人为活动对 SOM 周转的影响

在人为干扰活动密集的农田土壤系统中，农田土壤管理措施（如耕作、施肥、灌溉等）直接或间接地影响有机碳的输入、矿物形态的转变并改变微生物群落组成。因此，系统理解农田土壤管理措施对土壤不同碳汇有机碳周转与稳定的影响，探究农田土壤固碳模式，是提高农田土壤质量，实现碳中和策略的重要举措。保护性耕作较传统性耕作在一定程度上可以保护有机碳矿化，但其贡献并不显著。耕作特别是传统性耕作［如深犁耕作（mouldboard ploughing or inversion tillage）］会破坏土壤团聚体，加速有机碳的矿化。因此，少耕或免耕等保护性耕作措施有利于土壤有机碳的保护，减少其矿化。研究表明，保护性耕作对有机碳的保护作用依赖于气候（如温度或湿度）条件（Dimassi et al.，

2014）。相对于湿润温带地区，保护性耕作对干旱或半干旱地区的效果更为显著。但目前大量研究表明，保护性耕作主要的贡献对象是表层土壤有机碳，而对深层土壤几乎不影响。此外，从土壤整体有机碳含量评估发现，仅仅免耕或少耕的管理措施对土壤整体有机碳的贡献并不高（Meurer et al.，2018）。相反，在保护性耕作管理下，结合多样性轮作/间作 [如覆盖作物的种植（如豆科作物或草类作物）] 可以大大提高有机碳的输入，增加土壤有机碳含量（Poeplau and Don，2015）。因此，有效提升农田土壤有机碳含量更依赖于提高有机碳的输入，而非通过免耕减少土壤有机碳矿化。此外，在保护性耕作措施下，多种作物轮作的配合对不同碳汇有机碳周转的响应是不同的。研究发现，覆盖作物轮作后残留物保留下会显著增加土壤大团聚体的有机碳含量，呈现出明显的正相关性，但没有直接影响微团聚体有机碳含量。这可能与不同团聚体中有机质的组成和微生物组成的差异有关，但其具体的驱动因子目前仍不清楚（Trivedi et al.，2017）。未来需要更加关注不同管理措施对不同碳汇的有机碳周转以及微生物的调控研究。农田土壤固碳是生态系统固碳的关键过程，人为活动的频繁介入，使其具有固碳增汇调控的便利性。充分发挥农田系统的固碳作用，一方面可为国家碳中和战略提供理论支持，另一方面可减轻工业领域节能减排压力，争取发展机会。

4.3　本 章 小 结

土壤有机碳储量取决于 SOM 的输入和 SOM 的排放之间的动态平衡过程。然而，随着工业社会的发展，人为活动加速了有机质的排放速率，打破了土壤有机质的周转平衡。环境因子、土壤自身性质以及土壤生物（动物、微生物）都会影响土壤有机质的周转，改变全球碳循环过程对于气候变化的响应。

参 考 文 献

陈立新，李刚，刘云超，等，2017. 外源有机物与温度耦合作用对红松阔叶混交林土壤有机碳的激发效应. 林业科学研究，30（5）：797-804.

胡海清，魏书精，孙龙，等，2013. 气候变化、火干扰与生态系统碳循环. 干旱区地理，36（1）：57-75.

李芳芳，李中文，李宇轩，等，2022. "微生物碳泵" 作用下的土壤有机碳稳定性及其吸附特性研究进展. 农业环境科学学报，41（6）：1155-1163.

梁超，朱雪峰，2021. 土壤微生物碳泵储碳机制概论. 中国科学：地球科学，51（5）：680-695.

邵帅，何红波，张威，等，2017. 土壤有机质形成与来源研究进展. 吉林师范大学学报（自然科学版），38（1）：126-130.

王磊，应蓉蓉，石佳奇，等，2017. 土壤矿物对有机质的吸附与固定机制研究进展. 土壤学报，54（4）：805-818.

张斌，张福韬，陈曦，等，2022. 土壤有机质周转过程及其矿物和团聚体物理调控机制. 土壤与作物，11（3）：235-247.

张治国，胡友彪，郑永红，等，2016. 陆地土壤碳循环研究进展. 水土保持通报，36（4）：339-345.

周肖瑜，2020. 土壤组分和灭菌接种对有机碳矿化的影响及机理研究. 杭州：浙江大学.

Adkins J，Sanderman J，Miesel J，2019. Soil carbon pools and fluxes vary across a burn severity gradient three years after wildfire in Sierra Nevada mixed-conifer forest. Geoderma，333：10-22.

Angel R，Claus P，Conrad R，2012. Methanogenic Archaea are globally ubiquitous in aerated soils and become active under wet anoxic conditions. The ISME Journal，6（4）：847-862.

Angst G，Mueller K E，Kögel-Knabner I，et al.，2017.Aggregation controls the stability of lignin and lipids in clay-sized particulate and mineral associated organic matter. Biogeochemistry, 132 (3): 307-324

Angst G, Mueller C W, Prater I, et al., 2019. Earthworms act as biochemical reactors to convert labile plant compounds into stabilized soil microbial necromass. Communications Biology, 2: 441.

Atere C T, Gunina A, Zhu Z K, et al., 2020. Organic matter stabilization in aggregates and density fractions in paddy soil depending on long-term fertilization: tracing of pathways by ^{13}C natural abundance. Soil Biology and Biochemistry, 149: 107931.

Bölscher T, Paterson E, Freitag T, et al., 2017. Temperature sensitivity of substrate-use efficiency can result from altered microbial physiology without change to community composition. Soil Biology and Biochemistry, 109: 59-69.

Baldock J A, Skjemstad J O, 2000. Role of the soil matrix and minerals in protecting natural organic materials against biological attack. Organic Geochemistry, 31 (7-8): 697-710.

Barthod J, Dignac M F, Rumpel C, 2021. Effect of decomposition products produced in the presence or absence of epigeic earthworms and minerals on soil carbon stabilization. Soil Biology and Biochemistry, 160: 108308.

Benner R, 2011. Biosequestration of carbon by heterotrophic microorganisms. Nature Reviews Microbiology, 9: 75.

Bennett L T, Aponte C, Baker T G, et al., 2014. Evaluating long-term effects of prescribed fire regimes on carbon stocks in a temperate eucalypt forest. Forest Ecology and Management, 328: 219-228.

Blagodatskaya E V, Blagodatsky S A, Anderson T H, et al., 2007. Priming effects in Chernozem induced by glucose and N in relation to microbial growth strategies. Applied Soil Ecology, 37 (1-2): 95-105.

Bonner M T, Shoo L P, Brackin R, et al., 2018. Relationship between microbial composition and substrate use efficiency in a tropical soil. Geoderma, 96-103, 315.

Briones M J I, Garnett M H, Ineson P, 2021. No evidence for increased loss of old carbon in a temperate organic soil after 13 years of simulated climatic warming despite increased CO_2 emissions. Global Change Biology, 27 (9): 1836-1847.

Castellano M J, Mueller K E, Olk D C, et al., 2015. Integrating plant litter quality, soil organic matter stabilization, and the carbon saturation concept. Global Change Biology, 21 (9): 3200-3209.

Certini G, 2005. Effects of fire on properties of forest soils: a review. Oecologia, 143 (1): 1-10.

Chen Y L, Xu Z W, Xu T L, et al., 2017. Nitrogen deposition and precipitation induced phylogenetic clustering of arbuscular mycorrhizal fungal communities. Soil Biology and Biochemistry, 115: 233-242.

Cheng W X, Johnson D W, 1998. Elevated CO_2, rhizosphere processes, and soil organic matter decomposition. Plant and Soil, 202 (2): 167-174.

Chenu C, Angers D A, Barré P, et al., 2019. Increasing organic stocks in agricultural soils: knowledge gaps and potential innovations. Soil and Tillage Research, 188: 41-52.

Chivenge P, Vanlauwe B, Gentile R, et al., 2011. Organic resource quality influences short-term aggregate dynamics and soil organic carbon and nitrogen accumulation. Soil Biology and Biochemistry, 43 (3): 657-666.

Cotrufo M F, Wallenstein M D, Boot C M, et al., 2013. The Microbial Efficiency-Matrix Stabilization (MEMS) framework integrates plant litter decomposition with soil organic matter stabilization: do labile plant inputs form stable soil organic matter? Global Change Biology, 19 (4): 988-995.

Cotrufo M F, Soong J L, Horton A J, et al., 2015. Formation of soil organic matter via biochemical and physical pathways of litter mass loss. Nature Geoscience, 8: 776-779.

Cui J, Zhu Z K, Xu X L, et al., 2020. Carbon and nitrogen recycling from microbial necromass to cope with C : N stoichiometric imbalance by priming. Soil Biology and Biochemistry, 142: 107720.

Cusack D F, Torn M S, McDowell W H, et al., 2010. The response of heterotrophic activity and carbon cycling to nitrogen additions and warming in two tropical soils. Global Change Biology, 16 (9): 2555-2572.

Davidson E A, Janssens I A, 2006. Temperature sensitivity of soil carbon decomposition and feedbacks to climate change. Nature, 440: 165-173.

De Graaff M A, Van Groenigen K J, Six J, et al., 2006. Interactions between plant growth and soil nutrient cycling under elevated CO_2: a meta-analysis. Global Change Biology, 12 (11): 2077-2091.

De Nobili M，Contin M，Mondini C，et al.，2001. Soil microbial biomass is triggered into activity by trace amounts of substrate. Soil Biology and Biochemistry，33（9）：1163-1170.

Dimassi B，Mary B，Wylleman R，et al.，2014. Long-term effect of contrasted tillage and crop management on soil carbon dynamics during 41 years. Agriculture，Ecosystems & Environment，188：134-146.

Dungait J A J，Hopkins D W，Gregory A S，et al.，2012. Soil organic matter turnover is governed by accessibility not recalcitrance. Global Change Biology，18（6）：1781-1796.

Fang Y Y，Nazaries L，Singh B K，et al.，2018. Microbial mechanisms of carbon priming effects revealed during the interaction of crop residue and nutrient inputs in contrasting soils. Global Change Biology，24（7）：2775-2790.

Feng J G，Zhu B，2021. Global patterns and associated drivers of priming effect in response to nutrient addition. Soil Biology and Biochemistry. 153：108118.

Feng X J，Wang S M，2023. Plant influences on soil microbial carbon pump efficiency. Global Change Biology，29（14）：3854-3856.

Fernández I，Cabaneiro A，Carballas T，1999. Carbon mineralization dynamics in soils after wildfires in two Galician forests. Soil Biology and Biochemistry，31（13）：1853-1865.

Fissore C，Jurgensen M F，Pickens J，et al.，2016. Role of soil texture，clay mineralogy，location，and temperature in coarse wood decomposition-a mesocosm experiment. Ecosphere，7（11）：e01605.

Fontaine S，Barot S，Barré P，et al.，2007. Stability of organic carbon in deep soil layers controlled by fresh carbon supply. Nature，450：277-280.

Fontaine S，Henault C，Aamor A，et al.，2011. Fungi mediate long term sequestration of carbon and nitrogen in soil through their priming effect. Soil Biology and Biochemistry，43（1）：86-96.

Frey S D，Drijber R，Smith H，et al.，2008. Microbial biomass，functional capacity，and community structure after 12 years of soil warming. Soil Biology and Biochemistry，40（11）：2904-2907.

Grover M，Maheswari M，Desai S，et al.，2015. Elevated CO_2：plant associated microorganisms and carbon sequestration. Applied Soil Ecology，73-85，95.

Guerrero C，Mataix-Solera J，Gómez I，et al.，2005. Microbial recolonization and chemical changes in a soil heated at different temperatures. International Journal of Wildland Fire，14（4）：385-400.

Haddix M L，Gregorich E G，Helgason B L，et al.，2020. Climate，carbon content，and soil texture control the independent formation and persistence of particulate and mineral-associated organic matter in soil. Geoderma，363：114160.

Hatten J A，Zabowski D，2009. Changes in soil organic matter pools and carbon mineralization as influenced by fire severity. Soil Science Society of America Journal，73（1）：262-273.

Heitkötter J，Heinze S，Marschner B，2017. Relevance of substrate quality and nutrients for microbial C-turnover in top-and subsoil of a Dystric Cambisol. Geoderma，302：89-99.

Horvath R S，1972. Microbial co-metabolism and the degradation of organic compounds in nature. Bacteriological Reviews，36（2）：146-155.

Janssens I A，Dieleman W，Luyssaert S，et al.，2010. Reduction of forest soil respiration in response to nitrogen deposition. Nature Geoscience，3：315-322.

Jia J，Feng X J，He J S，et al.，2017. Comparing microbial carbon sequestration and priming in the subsoil versus topsoil of a Qinghai-Tibetan alpine grassland. Soil Biology and Biochemistry，104：141-151.

Kemmitt S J，Wright D，Goulding K W T，et al.，2006. pH regulation of carbon and nitrogen dynamics in two agricultural soils. Soil Biology and Biochemistry，38（5）：898-911.

Kirschbaum M U F，2000. Will changes in soil organic carbon act as a positive or negative feedback on global warming？Biogeochemistry，48（1）：21-51.

Kuzyakov Y，Friedel J K，Stahr K，2000. Review of mechanisms and quantification of priming effects. Soil Biology and Biochemistry，32（11-12）：1485-1498.

Lehmann J，Kleber M，2015. The contentious nature of soil organic matter. Nature，528：60-68.

Li Y H，Shahbaz M，Zhu Z K，et al.，2021a. Oxygen availability determines key regulators in soil organic carbon mineralisation in paddy soils. Soil Biology and Biochemistry，153：108106.

Li Y S，Sun Z J，Hu F，et al.，2021b. Earthworms in soil ecology and organic waste management. Pedosphere，31（3）：373-374.

Liang C，Balser T C，2011. Microbial production of recalcitrant organic matter in global soils：implications for productivity and climate policy. Nature Reviews Microbiology，9：75.

Liang C，Schimel J P，Jastrow J D，2017. The importance of anabolism in microbial control over soil carbon storage. Nature Microbiology，2（8）：17105.

Liang C，Amelung W，Lehmann J，et al.，2019a. Quantitative assessment of microbial necromass contribution to soil organic matter. Global Change Biology，25（11）：3578-3590.

Liang Z，Olesen J E，Jensen J L，et al.，2019b. Nutrient availability affects carbon turnover and microbial physiology differently in topsoil and subsoil under a temperate grassland. Geoderma，336：22-30.

Liao C，Tian Q X，Liu F，2021. Nitrogen availability regulates deep soil priming effect by changing microbial metabolic efficiency in a subtropical forest. Journal of Forestry Research，32（2）：713-723.

Liljeroth E，Kuikman P，Van Veen J A，1994. Carbon translocation to the rhizosphere of maize and wheat and influence on the turnover of native soil organic matter at different soil nitrogen levels. Plant and Soil，161（2）：233-240.

Lubbers I M，van Groenigen K J，Fonte S J，et al.，2013. Greenhouse-gas emissions from soils increased by earthworms. Nature Climate Change，3：187-194.

Ludwig M，Achtenhagen J，Miltner A，et al.，2015. Microbial contribution to SOM quantity and quality in density fractions of temperate arable soils. Soil Biology and Biochemistry，81：311-322.

Meurer K H E，Haddaway N R，Bolinder M A，et al.，2018. Tillage intensity affects total SOC stocks in boreo-temperate regions only in the topsoil：a systematic review using an ESM approach. Earth-Science Reviews，177：613-622.

Miltner A，Bombach P，Schmidt-Brücken B，et al.，2012. SOM genesis：microbial biomass as a significant source. Biogeochemistry，111（1-3）：41-55.

Mitchell E，Scheer C，Rowlings D，et al.，2020. Trade-off between 'new' SOC stabilisation from above-ground inputs and priming of native C as determined by soil type and residue placement. Biogeochemistry，149（2）：221-236.

Mo F，Zhang Y Y，Liu Y，et al.，2021. Microbial carbon-use efficiency and straw-induced priming effect within soil aggregates are regulated by tillage history and balanced nutrient supply. Biology and Fertility of Soils，57（3）：409-420.

Naylor D，Sadler N，Bhattacharjee A，et al.，2020. Soil microbiomes under climate change and implications for carbon cycling. Annual Review of Environment and Resources，45：29-59.

Neill C，Patterson W A Ⅲ，Crary D W Jr，2007. Responses of soil carbon，nitrogen and cations to the frequency and seasonality of prescribed burning in a Cape Cod oak-pine forest. Forest Ecology and Management，250（3）：234-243.

Novara A，Gristina L，Bodì M B，et al.，2011. The impact of fire on redistribution of soil organic matter on a mediterranean hillslope under maquia vegetation type. Land Degradation and Development，22（6）：530-536.

Paterson E，Sim A，2013. Soil-specific response functions of organic matter mineralization to the availability of labile carbon. Global Change Biology，19（5）：1562-1571.

Phillips R P，Finzi A C，Bernhardt E S，2011. Enhanced root exudation induces microbial feedbacks to N cycling in a pine forest under long-term CO_2 fumigation. Ecology Letters，14（2）：187-194.

Phillips R P，Meier I C，Bernhardt E S，et al.，2012. Roots and fungi accelerate carbon and nitrogen cycling in forests exposed to elevated CO_2. Ecology Letters，15（9）：1042-1049.

Phillips C L，Murphey V，Lajtha K，et al.，2016. Asymmetric and symmetric warming increases turnover of litter and unprotected soil C in grassland mesocosms. Biogeochemistry，128（1-2）：217-231.

Poeplau C，Don A，2015. Carbon sequestration in agricultural soils via cultivation of cover crops-a meta-analysis. Agriculture，Ecosystems & Environment，200：33-41.

Qiu H S，Zheng X D，Ge T D，et al.，2017. Weaker priming and mineralisation of low molecular weight organic substances in paddy than in upland soil. European Journal of Soil Biology，83：9-17.

Rousk J，Brooks P，Baath E，2011. Fungal and bacterial growth responses to N fertilization and pH in the 150-year 'Park Grass' UK grassland experiment. FEMS Microbial Ecology，76：89-99.

Rousk J，Hill P W，Jones D L，2015. Priming of the decomposition of ageing soil organic matter：concentration dependence and microbial control. Functional Ecology，29（2）：285-296.

Salomé C，Nunan N，Pouteau V，et al.，2010. Carbon dynamics in topsoil and in subsoil may be controlled by different regulatory mechanisms. Global Change Biology，16（1）：416-426.

Schaeffer A，Nannipieri P，Kästner M，et al.，2015. From humic substances to soil organic matter-microbial contributions. In honour of Konrad Haider and James P. Martin for their outstanding research contribution to soil science. Journal of Soils and Sediments，15（9）：1865-1881.

Shahbaz M，Kuzyakov Y，Sanaullah M，et al.，2017. Microbial decomposition of soil organic matter is mediated by quality and quantity of crop residues：mechanisms and thresholds. Biology and Fertility of Soils，53（3）：287-301.

Six J，Paustian K，2014. Aggregate-associated soil organic matter as an ecosystem property and a measurement tool. Soil Biology and Biochemistry，68：A4-A9.

Six J，Paustian K，Elliott E T，et al.，2000. Soil structure and organic matter I：distribution of aggregate-size classes and aggregate-associated carbon. Soil Science Society of America Journal，64（2）：681-689.

Six J，Callewaert P，Lenders S，et al.，2002a. Measuring and understanding carbon storage in afforested soils by physical fractionation. Soil Science Society of America Journal，66（6）：1981-1987.

Six J，Conant R T，Paul E A，et al.，2002b. Stabilization mechanisms of soil organic matter：implications for C-saturation of soils. Plant and Soil，241（2）：155-176.

Six J，Bossuyt H，Degryze S，et al.，2004. A history of research on the link between（micro）aggregates，soil biota，and soil organic matter dynamics. Soil & Tillage Research，79（1）：7-31.

Solomon D，Fritzsche F，Tekalign M，et al.，2002. Soil organic matter composition in the subhumid ethiopian highlands as influenced by deforestation and agricultural management. Soil Science Society of America Journal，66（1）：68-82.

Sun Y，Wang C T，Yang J Y，et al.，2021. Elevated CO_2 shifts soil microbial communities from K-to r-strategists. Global Ecology and Biogeography，30（5）：961-972.

Thiessen S，Gleixner G，Wutzler T，et al.，2013. Both priming and temperature sensitivity of soil organic matter decomposition depend on microbial biomass-an incubation study. Soil Biology and Biochemistry，57：739-748.

Thompson L R，Sanders J G，McDonald D，et al.，2017. A communal catalogue reveals earth's multiscale microbial diversity. Nature，551：457.

Tian P，Zhao X C，Liu S G，et al.，2022. Differential responses of fungal and bacterial necromass accumulation in soil to nitrogen deposition in relation to deposition rate. Science of the Total Environment，847：157645.

Treseder K K，Allen M F，2000. Mycorrhizal fungi have a potential role in soil carbon storage under elevated CO_2 and nitrogen deposition. New Phytologist，147（1）：189-200.

Trivedi P，Delgado-Baquerizo M，Jeffries T C，et al.，2017. Soil aggregation and associated microbial communities modify the impact of agricultural management on carbon content. Environmental Microbiology，19（8）：3070-3086.

Vance E D，Chapin F S，2001. Substrate limitations to microbial activity in taiga forest floors. Soil Biology and Biochemistry，33（2）：173-188.

Verma S，Singh D，Singh A K，et al.，2019. Post-fire soil nutrient dynamics in a tropical dry deciduous forest of Western Ghats，India. Forest Ecosystems，6（1）：67-75.

Wang G，Feng X，Han J，et al.，2008. Paleovegetation reconstruction using $\delta^{13}C$ of soil organic matter. Biogeosciences，5（5）：1325-1337.

Wang Q K，Zhong M C，Wang S L，2012. A meta-analysis on the response of microbial biomass，dissolved organic matter，respiration，and N mineralization in mineral soil to fire in forest ecosystems. Forest Ecology and Management，271：91-97.

Wei Z Q，Ji J H，Li Z，et al.，2017. Changes in organic carbon content and its physical and chemical distribution in paddy soils cultivated under different fertilisation practices. Journal of Soils and Sediments，17（8）：2011-2018.

Wolkovich E M，Lipson D A，Virginia R A，et al.，2010. Grass invasion causes rapid increases in ecosystem carbon and nitrogen storage in a semiarid shrubland. Global Change Biology，16（4）：1351-1365.

Xu X，Luo Y Q，Shi Z，et al.，2014. Consistent proportional increments in responses of belowground net primary productivity to long-term warming and clipping at various soil depths in a tallgrass prairie. Oecologia，174（3）：1045-1054.

Zhalnina K，Dias R，de Quadros P D，et al.，2015. Soil pH determines microbial diversity and composition in the park grass experiment. Microbial Ecology，69：395-406.

Zhang W X，Hendrix P F，Dame L E，et al.，2013. Earthworms facilitate carbon sequestration through unequal amplification of carbon stabilization compared with mineralization. Nature Communications，4：2576.

Zhang H，Wu P B，Fan M M，et al.，2018. Dynamics and driving factors of the organic carbon fractions in agricultural land reclaimed from coastal wetlands in Eastern China. Ecological Indicators，89：639-647.

Zhang K P，Ni Y Y，Liu X J，et al.，2020. Microbes changed their carbon use strategy to regulate the priming effect in an 11-year nitrogen addition experiment in grassland. Science of the Total Environment，727：138645.

Zhang S B，Fang Y Y，Luo Y，et al.，2021. Linking soil carbon availability，microbial community composition and enzyme activities to organic carbon mineralization of a bamboo forest soil amended with pyrogenic and fresh organic matter. Science of the Total Environment，801：149717.

第5章 氢氟酸对发酵前后玉米秸秆有机质结构的影响

5.1 引　　言

在过去的几十年中，由于铁铝氧化物等磁性矿物会阻碍仪器测定的灵敏度，因此，研究者常用质量分数为 2%或者 10%氢氟酸（hydrofluoric acid，HF）作为核磁共振碳谱（^{13}C-NMR）分析固态有机质结构组成和分子生物标志物时的前处理试剂（Huang et al.，2019；Schmidt and Gleixner 2005）。HF 处理土壤样品或者污泥沉积物会消除磁性矿物的干扰，释放出更多有机碳，进而提高 SOM 官能团在 ^{13}C-NMR 图谱中的响应（Schmidt and Gleixner，2005）。另外，在 HF 处理过程中，有机质结构也可能发生改变，不具备原始有机质的代表性（Wang et al.，2016）。HF 处理是浓缩复杂地质体中有机物的重要操作手段，对于环境样品的生物标志物、核磁共振等表征检测都有重要的意义。但 HF 处理对于有机质的结构影响尚不清楚。研究表明，3 种不同种类的木质素和针铁矿吸附后，盐酸处理后提取到的木质素其酸醛比(Ad/Al)s（紫丁香基木质素酸醛比）、(Ad/Al)v（愈创木基木质素酸醛比）显著增加，来源参数 S/V、C/V 没有发生改变，说明侧链氧化程度增加，但 SOM 的母源结构不会变化（Hernes et al.，2013）。然而，Rumpel 等（2006）指出，不同浓度的 HF 处理后土壤中木质素分子组成发生了变化，(Ad/Al)v、(Ad/Al)s 升高，S/V 比值降低，表明经过 HF 处理后木质素的氧化程度更高，丁香基酚含量降低。此外，也有研究报道矿物去除后木质素的来源参数没有发生改变，但是木质素大量流失（Zhao et al.，2021）。这些争议是因为以往研究主要关注酸洗前后固体组成变化，酸洗液中有机质信息缺失。酸处理一方面可能是 HF 溶解了矿物，导致部分极性强的 SOM 释放，比如氧化程度高的木质素片段溶于水；另一方面可能是 HF 水解蛋白、多糖等特定 SOM 的结构，导致更多小分子有机物溶出，这可能与 SOM 的组成和性质差异有关。

有机碳的积累和分解不仅取决于其含量，还取决于有机碳的化学组分，反过来化学组分又控制着有机碳的功能（Zegouagh et al.，2004）。因此，本书采用微生物发酵前后的玉米秸秆模拟土壤中降解程度不同的有机质，再用不同质量分数（0%、2%、10%）的 HF 对其进行处理，借助核磁共振（^{13}C-NMR）光谱和木质素分子生物标志物信息，识别 HF 对不同降解程度有机质组成和性质的改变情况，并直接证明 HF 能否改变有机质的结构，同时结合元素分析、傅里叶变换红外光谱（Fourier transform infrared spectrometer，FTIR）和稳定碳同位素比值判断 HF 对碳分馏的影响，综合判断不同浓度 HF 对固体和酸洗液中木质素结构的改变情况，为土壤中木质素（特别是矿物保护强的木质素）的提取提供理论支撑。

5.2　研究方法

5.2.1　样品处理

实验按照菌剂：葡萄糖：水 = 1：5：100（质量比）的比例配制发酵液，静置 6～8h，等待微生物充分激活后，将发酵液逐层均匀喷洒在玉米秸秆上，控制发酵原料湿度在 50%～60%，然后用泡沫箱子密封发酵 20d 左右，得到发酵后的玉米秸秆。发酵完成将玉米秸秆样品带回实验室，对玉米秸秆样品进行自然风干，并在 60℃下烘干。再将样品研磨粉碎，过 20 目筛子。为了满足表征的需求，取少量样品进一步过 70 目筛，均避光保存在常温下，待进行下一步实验。

称取一定质量发酵前后的玉米秸秆于离心管中，并按照样品固体质量（g）和酸液体积（L）1：2 的比例加入配制好的 HF 溶液，拧紧瓶盖，放入摇床中，每隔 2h 离心一次，设置离心机参数为 4000r/min，离心 15min，离心后收集上清液，再重新加入酸溶液重复洗 6～7 次，同时收集保存酸洗液（Spaccini et al.，2013）。HF 的配置：以 10%HF 溶液为例，于 1kg 酸溶液中加入 250g 浓 HF（40%质量分数的 HF 溶液）和 750mL 去离子水。实验中将发酵前的固体玉米秸秆有机质命名为 BS；发酵前的酸洗液命名为 BL；发酵后的固体玉米秸秆有机质命名为 AS；发酵后的酸洗液命名为 AL。

将收集到的酸洗液依次倒入存放活化好的 XAD-8、XAD-4 离子交换树脂的试管。再用甲醇将离子交换树脂中吸附的有机质反向洗脱出来，分别得到疏水有机质和过渡亲水有机质，最后将洗脱液一起倒入活化好的阳离子交换树脂试管，再吸附其中的阳离子，收集流出后的溶液（Pernet-Coudrier et al.，2008），进行蒸发、冷冻、干燥，得到的样品用于后续实验。

5.2.2　样品测定及其表征

元素分析测定：所有固体样品研磨过 70 目筛，使用元素分析仪专用的锡舟，称取 2.0mg 左右的样品，将包好的样品放入元素分析仪中，并开启元素分析仪进行样品测定。测定方法：将氢气和氧气阀门分别打开，均调至 250kPa，确保氢气流量为 140mL/min，氧气流量为 100mL/min。测定 C、H、N、S 的含量，选择 CHNS 模式（燃烧炉和还原炉温度分别为 950℃和 106℃）。测定氧的含量选择 O 模式（燃烧炉温度为 1060℃）。

傅里叶变换红外光谱（FTIR）测定：将干燥的样品和溴化钾（KBr）按照质量比 1：200 的比例在玛瑙研钵中磨碎压片，然后用压片机进行压片，取出放入仪器（Varian 640-IR）的测定窗口中，设置扫描波数范围 400～4000cm^{-1}，以 8cm^{-1} 精度扫描 20 次，以表征样品官能团的性质。

核磁光谱测定（^{13}C-NMR）：固体样品核磁在 600Hz 核磁光谱（JEOL ECZ600R）下进行扫描，参数设置如下：x_Freq=150.90Hz，x_sweep=400ppm，contact time=3ms，relaxation dalay = 2s。

木质素的提取：木质素的提取采用碱性氧化铜（CuO）水解法（Wysocki et al.，2008；Plante et al.，2006）。称取 0.5g 样品于反应釜中，再加入 15mL 2mol/L 的 NaOH 溶液，通氮气半小时除氧，并迅速盖上盖子，在 170℃烘箱条件下反应 2.5h。冷却后，将上清液转移至离心管中，并在 3500r/min 转速下离心 15min。将离心后的上清液转移到新的 50mL 离心管中，用锡箔纸包好避光，加入 6mol/L 的盐酸使其 pH 调至 1 附近，静置 1h。静置后再次离心，取上层清液于分液漏斗中进行萃取，有机相转入锥形瓶中。同时向锥形瓶中加入无水硫酸钠吸水，静置后将锥形瓶中的液体转至圆底烧瓶中，蒸发浓缩至 1mL 左右，用 2mL 乙酸乙酯润洗，转移到 15mL 液相瓶中，用氮气吹干后定容，再经衍生化后上机检测。

提取的木质素在气相串联质谱仪进行定量分析。升温程序如下：初始温度 65℃，保持 2min；以 6℃/min 速率上升至 300℃，并在 300℃下保持 20min。载气为氦气，进样体积 1μL，分流比为 2∶1。离子源和四极杆温度分别为 230℃ 和 150℃，质量扫描范围为 50～650Da，容积延迟时间为 8min。采用外标法定量。

5.2.3　数据处理

数据处理采用 Microsoft Excel 2010，作图采用 Origin2020 和 Microsoft Excel 2010。本书使用 IBM SPSS 软件（版本 26.0，美国）进行单因素分析，比较不同浓度 HF 处理的发酵前后玉米秸秆有机质变化。

5.3　酸处理下发酵前后玉米秸秆的样品表征

不同浓度 HF 处理下，BS 中 C 含量基本维持在 40%左右。发酵前后的玉米秸秆有机质存在一定的差异。表 5.1 显示，AS 的 N 含量和 C 含量显著增加，O 含量显著降低，但是其 C/N 明显降低。一方面可能是发酵过程中微生物降解作用释放更多氨基化合物等含氮素的物质；另一方面氧元素的流失导致碳元素的相对富集，相比之下，N 的富集强于 C 的富集，导致发酵后 C/N 降低（Cui et al.，2020）。与对照组（0%BS）相比，随着 HF 浓度的增加，BS 中 N 含量增加 17.48%～21.68%，O 含量增加 8.47%～16.67%，C/N 降低，O/C 增加。与 BS 相比，AS 经不同浓度的 HF 处理后，N 含量明显增加，C 含量也有一定幅度增加，导致 C/N 明显降低。AS 中的 H 含量和 O 含量在不同浓度 HF 处理间的变化都不明显，因而 O/C 和 H/C 的变化不明显。酸洗过程中玉米秸秆质量损失（QS）为 19.84%～24.19%，0%HF 处理较其他处理组有机质的损失稍低，这一结果可能指示本书酸处理并未导致更多有机质的直接流失。

表 5.1 不同酸处理下样品的元素分析表

样品名称	含量/%					原子个数比		
	N	C	H	O	QS	C/N	O/C	H/C
0%BS	1.43±0.02	39.21±0.76	6.22±0.31	40.62±0.22	24.19	31.94±0.42	0.59±0.15	1.90±0.06
2%BS	1.74±0.03	41.39±1.30	6.32±0.38	47.39±0.35	23.36	27.71±0.44	0.86±0.02	1.83±0.05
10%BS	1.68±0.05	39.37±1.11	6.08±0.20	44.06±2.57	19.84	27.28±0.07	0.84±0.04	1.85±0.02
0%AS	3.08±0.07	37.35±1.04	6.00±0.20	34.06±0.10	24.08	14.14±0.13	0.69±0.03	1.93±0.01
2%AS	4.01±0.03	45.68±0.37	6.71±0.19	36.69±0.50	23.38	13.29±0.12	0.63±0.04	1.76±0.04
10%AS	4.23±0.31	45.16±0.42	6.92±0.18	35.83±0.65	23.75	12.49±0.93	0.61±0.01	1.84±0.03

注：数字表示 HF 的质量分数；AS 表示酸处理的发酵后固体秸秆有机质；BS 表示酸处理的发酵前固体秸秆有机质；QS 表示玉米秸秆质量损失；C/N 表示微生物降解能力；O/C 表示亲水性；H/C 表示不饱和度。

为进一步探究不同浓度 HF 处理对秸秆有机质结构的影响，本书实验借助傅里叶变换红外光谱（FTIR）和核磁共振光谱（^{13}C-NMR）直观分析有机质的官能团变化，其结果如图 5.1 和图 5.2 所示。与 BS 相比，AS 没有产生新的官能团吸收峰，只是吸收峰强度存在差异。不同浓度 HF 处理后，固体样品和酸洗液中有机质官能团存在差异，固体样品有机质在波数为 3290cm^{-1} 和 1560cm^{-1} 附近振动，酸洗液有机质主要在 1460cm^{-1} 附近振动。进一步对固体样品进行 ^{13}C-NMR 分析发现，酸洗前后的主峰都集中在 75ppm 和 105ppm。通过计算 ^{13}C-NMR 中官能团的相对贡献发现，酸洗后玉米有机质中官能团的相对贡献降低，但是没有产生新的位移，说明酸洗并不会改变有机质结构，更可能导致部分溶出性有机质流失。相对发酵前，发酵后玉米秸秆有机质的烷基对有机质官能团的贡献由 10%增加到 20%，烷氧烃相对贡献从 70%下降到 50%左右，表明随着发酵过程的进行，烷氧碳等易降解组分优先被降解，而难降解的有机质相对富集。

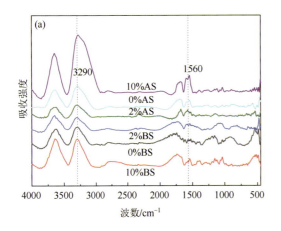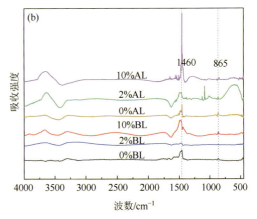

图 5.1 不同浓度 HF 处理的发酵前后固体玉米秸秆有机质红外光谱图（a）和酸洗液红外光谱图（b）

注：数字表示 HF 的质量分数；AS 表示酸处理的发酵后固体秸秆有机质；BS 表示酸处理的发酵前固体秸秆有机质；AL 表示酸处理的发酵后酸洗液；BL 表示酸处理的发酵前酸洗液。余同。

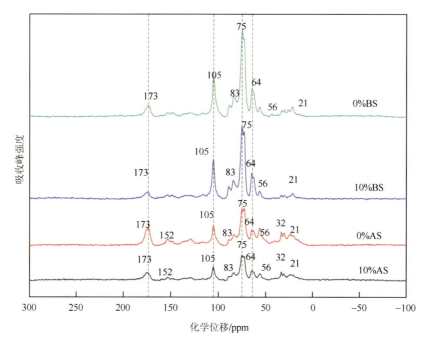

图 5.2　不同浓度 HF 处理后固体玉米秸秆有机质的核磁图

5.4　酸处理下发酵前后玉米秸秆有机质中木质素含量和参数变化

不同浓度 HF 处理发酵前后的玉米秸秆有机质中木质素的总量及参数变化如图 5.3 所示。BS 和 AS 有机质中木质素总量分别为（18.81 ± 7.44）$\mathrm{mg \cdot g^{-1}}$、（12.01 ± 1.75）$\mathrm{mg \cdot g^{-1}}$。与 BS 相比，AS 中 V、S、C 单体及其总量变化均不显著，但是 S 和 C 单体含量明显高于 V 单体。氧化程度相同的玉米秸秆有机质，即 BS 和 AS，经 0%、2%和 10%HF 处理后，木质素的总量没有发生显著的减少。此外，发酵前后玉米秸秆有机质中香草基木质素的酸醛比$(Ad/Al)_v$和来源参数（S/V 和 C/V）都没有显著的增加。相反，有研究报道，10%HF 处理不同深度的土壤有机质后，其来源参数和降解参数发生了改变，分子层面有机质结构发生了改变。酸处理前后分子生物标志物结果出现不一致的情形极有可能是矿物对有机质的保护所致。

与空白对照组相比，酸处理后的上清液中溶出性木质素含量更低，尤其是 AL 的木质素含量降低的情况更为明显。对比固相样品木质素信息，AS 的木质素总量相对 BS 有一定的降低，且 AS 的降解程度大于 BS，进一步证实了 AS 的溶出性更大。由表 5.2 可知，不同浓度 HF 处理后酸洗液中的木质素总量远低于固体样品。与对照组 0%HF 处理相比，2%HF 和 10%HF 处理的酸洗液中木质素含量都更低，说明 HF 基本不会改变有机质的结构进而导致其溶出，而更多的是水溶液导致的溶出。由于酸洗液中 C 单元体含量较低，实验中未检测出，因而未对降解参数和来源参数做分析。

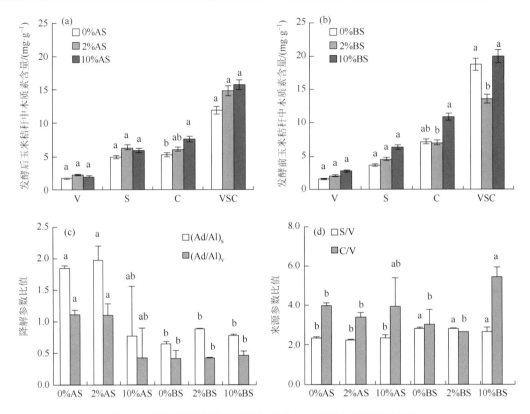

图 5.3　酸处理后发酵前后固体样品中木质素总量及参数变化

注：（a）发酵后木质素的含量；（b）发酵前木质素的含量；（c）木质素降解参数比值；（d）木质素的来源参数比值。字母表示不同浓度 HF 处理下各参数的显著性（$P<0.05$）；V 代表香草基单元体；S 代表紫丁香基单元体；C 代表肉桂基单元体；VSC 代表木质素总量；图中 a、b 表示显著性差异。

表 5.2　酸洗上清液中木质素含量及结构的变化

样品名称	紫丁香基含量/(mg/g)	肉桂基含量/(mg/g)	香草基含量/(mg/g)	总量/(mg/g)	S/V	C/V	(Ad/Al)$_s$	(Ad/Al)$_v$
0%BL	6.80	NC	4.16	10.95	1.59	NC	NC	2.43
2%BL	0.02	NC	0.07	0.08	0.28	NC	NC	NC
10%BL	0.18	NC	0.25	0.43	0.81	NC	NC	NC
0%AL	0.89	NC	1.15	2.03	0.77	NC	NC	14.99
2%AL	0.01	NC	0.16	0.17	0.03	NC	NC	NC
10%AL	0.03	NC	0.41	0.44	0.17	NC	NC	NC

注：数字表示 HF 的质量分数；AL 表示发酵后秸秆酸处理洗液；BL 表示发酵前秸秆酸处理洗液；NC 表示未检测出，可能是盐分干扰了木质素的提取。

5.5　酸处理下发酵前后玉米秸秆有机质同位素变化

由上文光谱信息可知，酸洗液中有机碳的含量较低，故本书实验只分析了不同浓度酸处理后固体秸秆的同位素信息，其结果如图 5.4 所示。不同浓度酸处理后，不同氧化程度的玉米秸秆有机质的 δ^{13}C 有明显差异，其中发酵前玉米秸秆有机质的 δ^{13}C 为

–12.83‰±0.25‰，发酵后玉米秸秆有机质的 $\delta^{13}C$ 是–13.63‰±0.09‰。值得注意的是，发酵后的玉米秸秆有机质 $\delta^{13}C$ 显著降低，这与 Lynch 等（2006）报道的玉米秸秆堆肥后的 $\delta^{13}C$ 由–12.8‰±0.6‰变为–14.1‰±0.0‰相吻合。在本书研究中，^{13}C 贫化主要原因是短期发酵过程中微生物优先利用 ^{13}C 含量更高的多糖和蛋白质（Benner et al.，1987）。但是更多的文献报道有机质降解过程会导致 ^{13}C 富集，主要归因于凋落物或者有机质的降解过程中微生物优先分解 ^{12}C 以及微生物残体对 ^{13}C 的贡献（Ehleringer et al.，2000；Schweizer et al.，1999）。另外，也有研究报道，随着降解时间的增加，整体 $\delta^{13}C$ 呈先贫化再富集的趋势，这可能是降解初期微生物优先利用 $\delta^{13}C$ 高的易降解组分，后期矿物抑制了凋落物的降解导致 ^{13}C 富集（Yang et al.，2016）。随着热裂解气相色谱质谱联用（pyrolysis gas chromatography-mass spectrometry，Py-GC/MS）的发展，San-Emeterio 等（2021）发现，木质素、纤维素、蛋白质、脂质等特异性化合物中 ^{13}C 都显著富集，这归因于降解过程中微生物对特定化合物中 ^{12}C 的优先利用。可见有机质的组成会改变 $\delta^{13}C$，后期研究中可以考虑利用特异性化合物中的单体同位素识别有机质的降解。然而，相同氧化程度的玉米秸秆有机质经不同浓度 HF 处理后，其 $\delta^{13}C$ 并没有显著性差异，说明酸处理不会使得有机质发生分馏。由酸处理前后玉米秸秆有机质的质量损失分析结果可知，2%HF 处理会导致有机碳损失 8%～17%，但是这些损失的有机碳不会对核磁光谱中化学结构信息造成显著的影响。酸洗上清液中主要是易降解组分，例如，酰胺、氨基糖等，酸处理发酵前后的固体玉米秸秆有机质中都主要包含芳香族化合物和碳碳双键类的化合物，但是氧化程度不同的玉米秸秆有机质经不同浓度 HF 处理后有机质结构不会发生改变，只是发酵后降解程度高的有机质更容易流失。

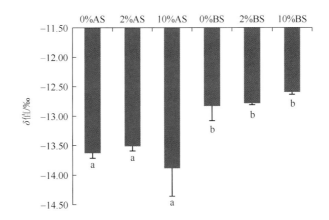

图 5.4　酸处理对发酵前后固体玉米秸秆的同位素比值变化影响

注：a、b 表示显著性差异。

5.6　本 章 小 结

本章结合常用化学表征手段、分子生物标志物技术和稳定碳同位素比值，探究酸洗液和固体样品中有机质组成和性质的变化。研究结果表明，HF 处理会导致部分溶解性有机质流失，发酵后玉米秸秆中含氧官能团被优先降解，部分溶出性木质素流失，但不会改变木质素的结构。为获得高氧化程度有机质，实验过程应选择适宜浓度的酸对固体样品进行前处理，并对酸洗液进行浓缩纯化，分析其理化性质，更好地评价整体有机质的组成变化。

参 考 文 献

王敏，徐国良，2013. 稳定同位素技术在土壤跳虫研究上的应用. 应用生态学报，24（6）：1754-1760.

Benner R，Fogel M L，Sprague E K，et al.，1987. Depletion of ^{13}C in lignin and its implications for stable carbon isotope studies. Nature，329（6141）：708-710.

Cui J，Zhu Z K，Xu X L，et al.，2020. Carbon and nitrogen recycling from microbial necromass to cope with C∶N stoichiometric imbalance by priming. Soil Biology and Biochemistry，142：107720.

Ehleringer J R，Buchmann N，Flanagan L B，2000. Carbon isotope ratios in belowground carbon cycle processes. Ecological Applications，10：412-422.

Hernes P J，Kaiser K，Dyda R Y，et al.，2013. Molecular trickery in soil organic matter：hidden lignin. Environmental Science & Technology，47（16）：9077-9085.

Huang W J，Hammel K E，Hao J L，et al.，2019. Enrichment of lignin-derived carbon in mineral-associated soil organic matter. Environmental Science & Technology，53（13）：7522-7531.

Lynch D H，Voroney R P，Warman P R，2006. Use of ^{13}C and ^{15}N natural abundance techniques to characterize carbon and nitrogen dynamics in composting and in compost-amended soils. Soil Biology and Biochemistry，38（1）：103-114.

Pernet-Coudrier B，Clouzot L，Varrault G，et al.，2008. Dissolved organic matter from treated effluent of a major wastewater treatment plant：Characterization and influence on copper toxicity. Chemosphere，73（4）：593-599.

Plante A F，Conant R T，Paul E A，et al.，2006. Acid hydrolysis of easily dispersed and microaggregate-derived silt-and clay-sized fractions to isolate resistant soil organic matter. European Journal of Soil Science，57（4）：456-467.

Rumpel C，Rabia N，Derenne S，et al.，2006. Alteration of soil organic matter following treatment with hydrofluoric acid（HF）. Organic Geochemistry，37（11）：1437-1451.

San-Emeterio L M，López-Núñez R，González-Vila F J，et al.，2021. Evolution of composting process in maize biomass revealed by analytical pyrolysis（Py-GC/MS）and pyrolysis compound specific isotope analysis（Py-CSIA）. Applied Sciences，11（15）：6684.

Schmidt M W I，Gleixner G，2005. Carbon and nitrogen isotope composition of bulk soils，particle-size fractions and organic material after treatment with hydrofluoric acid. European Journal of Soil Science，56（3）：407-416.

Schweizer M，Fear J，Cadisch G，1999. Isotopic（^{13}C）fractionation during plant residue decomposition and its implications for soil organic matter studies. Rapid Communications in Mass Spectrometry，13（13）：1284-1290.

Spaccini R，Song X Y，Cozzolino V，et al.，2013. Molecular evaluation of soil organic matter characteristics in three agricultural soils by improved off-line thermochemolysis：the effect of hydrofluoric acid demineralisation treatment. Analytica Chimica Acta，802：46-55.

Wang T，Camps-Arbestain M，Hedley C，2016. Factors influencing the molecular composition of soil organic matter in New Zealand grasslands. Agriculture，Ecosystems & Environment，232：290-301.

Wysocki L A，Filley T R，Bianchi T S，2008. Comparison of two methods for the analysis of lignin in marine sediments：CuO oxidation versus tetramethylammonium hydroxide（TMAH）thermochemolysis. Organic Geochemistry，39（10）：1454-1461.

Yang W J，Bruun S，Rønn R，et al.，2016. Turnover and isotopic fractionation of carbon from maize leaves as influenced by clay type and content in constructed soil media. Biology and Fertility of Soils，52（4）：447-454.

Zegouagh Y，Derenne S，Dignac M F，et al.，2004. Demineralisation of a crop soil by mild hydrofluoric acid treatment. Journal of Analytical and Applied Pyrolysis，71（1）：119-135.

Zhao Y P，Liu C Z，Wang S M，et al.，2021. "Triple locks" on soil organic carbon exerted by sphagnum acid in wetlands. Geochimica et Cosmochimica Acta，315：24-37.

第6章 活性矿物阻碍脂类生物标志物的萃取

矿物对有机质的保护是土壤有机碳稳定的重要机制之一。然而，受矿物保护的有机碳的组成、来源和降解很大程度受到环境因素，例如土壤矿物、土壤有机碳氮比（SOC/N）以及 pH 等限制。从分子层面考虑，酸处理前后分子生物标志物的组成和信息可能发生变化，进而对来源参数、降解参数以及分子生物标志物的总量造成参数信息错误。故本章对酸处理前后分子生物标志物信息（主要是游离态脂和结合态脂）的变化进行探讨。

6.1 活性矿物的去除提高游离态脂的萃取率

土壤中有机溶剂能提取的脂质含量通常小于 SOM 的 10%，但是脂类物质作为土壤系统中耐降解的组分，是土壤系统中的重要组成部分。研究发现，游离态脂主要包含链状脂肪族化合物（如脂肪酸、脂肪醇和烷烃）和类固醇化合物（Otto et al.，2005）。通过GC-MS 定性并定量获得对应的游离态脂组成及丰度，通过原始质量标准化获得总脂肪酸、脂肪醇及烷烃的含量（图 6.1）。活性矿物去除后，受活性矿物保护的脂肪酸将暴露出来，从而能够被检测到。研究发现，去除矿物后总脂肪酸含量增加 6 倍，说明超过 80%的脂肪酸受到矿物的保护（Li et al.，2018）。它们与活性矿物的强相互作用的重要机理可能是在酸性土壤中的强配体交换作用所致（Lützow et al.，2006）。在本书研究的 pH 为 4.4～4.6 的酸性土壤中，脂肪酸与活性矿物强结合形成配体交换。此外，研究发现，活性矿物对脂肪酸的保护与碳链长度无明显关系。例如，酸处理后，碳数小于 20 的短链烷烃 C16、C18：1 和 C18 脂肪酸含量增加最多，长链脂肪酸（碳数大于 20，主要是 C24、C26、C28、C30）的含量增加明显。因此，研究推测酸处理导致这些脂肪酸增加，可能与这些脂肪酸的丰富来源有关（Li et al.，2018）。已有研究表明，土壤矿物质对脂类具有保护作用，这可能会降低有机溶剂提取某些脂类化合物的效率（Cai et al.，2017；Mahamat Ahmat et al.，2016）。此外，活性矿物对 80%以上的脂肪酸有保护作用。经酸处理后，正构脂肪酸单体浓度也显著增加，脂肪醇和烷烃的浓度相对较小（在原始土壤中一般在 $1\mu g \cdot g^{-1}$ 以下），酸处理增加了它们的浓度，但没有脂肪酸增势显著，30%～50%的脂肪醇受矿物质的保护，而烷烃很少受矿物质去除的影响（Li et al.，2017）。

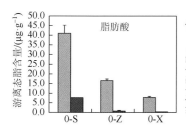
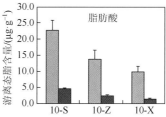
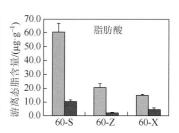

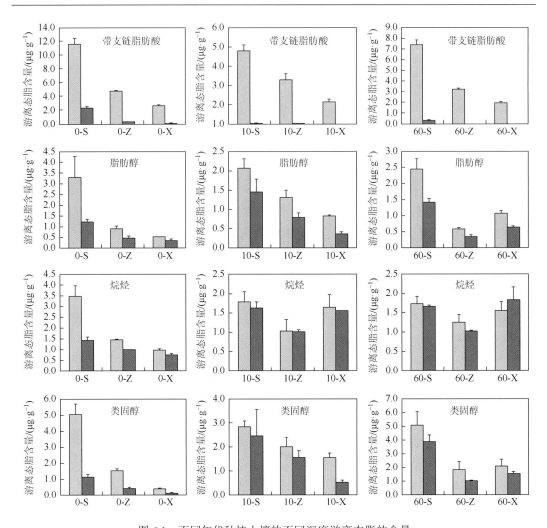

图 6.1　不同年代种植土壤的不同深度游离态脂的含量

注：0 表示 0 年；10 表示 10 年；60 表示 60 年；S 代表 0~20cm 土层；Z 代表 20~40cm 土层；X 代表 40~60cm 土层。

6.2　活性矿物的去除提高结合态脂的萃取率

为了研究矿物对土壤中提取角质和木质素生物标志物的影响，研究者采用 HF 处理加拿大三种土壤（草地、农业和森林土壤，0~15cm 深度），随后使用 KOH/MeOH 碱水解法分离出结合态脂生物标志物（角质和软木脂生物标志物分别代表植物叶组织和根组织），比较酸处理前后结合态脂生物标志物的萃取率（Lin and Simpson，2016）。研究发现，洗矿增加了有机酯键-结合态脂类的萃取率，超过 80% 被保护的角质和软木脂被释放出来（Lin and Simpson，2016）。通过计算软木脂与角质的比例，评估矿物对软木脂和角质的优先保护作用。HF 处理后，草地和农业土壤样品的软木脂/角质值增加（表 6.1），说明在这些土壤生态系统中，软木脂可能比角质受到的物理保护作用更大（Lin and Simpson，2016）。

角质和软木脂衍生物在酯结合保护的有机质中所占比例为 28%～58%，在不同生态系统中的顺序依次为：农业土壤＜草地土壤＜森林土壤。目前的研究大多数基于整体土壤的分析而不是黏土粒径组分，保护脂质的百分比可能不仅反映矿物学上的差异（如黏土含量和黏土矿物类型），而且还反映 SOM-SOM 相互作用和团聚程度的差异。

表 6.1　草地、农业和森林土壤中脂的组成和软木脂/角质比（Lin and Simpson，2016）

项目	北方草地		南方草地		农业		森林	
	HF 处理前	HF 处理后	HF 处理前	HF 处理后	HF 处理前	HF 处理后	HF 处理前	HF 处理后
苯多羧酸	15±2	249±26	9±1	288±15	11±2	96±16	21±2	95±9
酚类香草醛	bdl	7±2	1±0	9±4	2±1	bdl	bdl	bdl
乙酰香草酮	bdl	6±2	1±0	11±1	1±0	bdl	bdl	bdl
香草酸	3±0	63±6	3±0	109±15	5±2	47±5	20±3	48±8
丁香醛	3±0	68±19	2±0	105±8	4±1	24±2	14±1	21±2
丁香酸	1±0	32±2	4±2	69±30	2±1	24±4	1±0	14±2
香豆酸	14±3	164±23	16±2	348±64	66±12	227±50	29±3	80⊥12
阿魏酸	10±2	154±24	12±4	692±47	15±2	54±6	18±2	58±10
酚类总和	31±4	495±39	38±5	1344±86	95±13	376±51	83±5	220±18
芳香烃总和	46±4	744±47	47±5	1632±87	105±13	472±53	103±6	316±20
甾体化合物								
b-谷甾醇	4±1	108±27	3±1	76±21	1±0	5±2	3±0	10±2
无环脂肪族脂类								
α-羟基烷酸 C16-C28	21±3	319±50	14±4	869±115	13±1	58±7	8±1	31±3
正构脂肪醇								
微生物或植物来源 C16-C18	5±1	106±12	5±0	95±20	4±0	55±4	4±1	48±5
木栓质或植物蜡质 C20-C30	14±2	365±39	7±1	271±44	9±1	65±13	25±2	80±9
正构脂肪醇总和	19±2	471±41	11±1	367±48	13±1	120±13	29±2	129±10
异构脂肪酸	3±0	35±9	2±1	58±4	1±0	8±2	2±1	47±12
正构脂肪酸								
微生物或植物来源 C16-C18	62±5	899±54	60±10	1663±73	48±2	367±21	55±3	356±35
木栓质、角质或植物蜡质 C20-C30	57±3	1154±66	33±5	2125±68	36±2	285±13	68±3	367±30
正构脂肪酸总和	120±5	2054±85	93±11	3788±100	83±3	652±25	123±5	723±46
正构烷烃-α,ω-二元酸								
α,ω-C16	8±1	95±13	2±1	72±5	2±0	14±1	14±1	39±1
α,ω-C16：1	2±0	64±6	2±0	71±25	6±1	18±3	26±4	31±9
α,ω-C18	4±1	72±9	1±0	45±9	1±0	10±1	5±1	14±7
α,ω-C18：1	8±1	101±18	6±2	160±14	1±0	8±1	11±1	32±2
α,ω-C20	8±2	180±26	6±2	186±75	3±0	12±2	22±2	46±5
α,ω-C22	5±1	88±17	3±2	187±13	3±0	14±1	8±1	19±1
α,ω-C23	1±0	23±5	1±0	43±3	1±0	3±1	2±1	2±1
α,ω-C24	6±1	117±28	8±4	555±58	3±1	14±2	3±1	13±3

续表

项目	北方草地		南方草地		农业		森林	
	HF 处理前	HF 处理后	HF 处理前	HF 处理后	HF 处理前	HF 处理后	HF 处理前	HF 处理后
α, ω-C26	2±0	52±12	5±3	424±63	1±0	7±1	bdl	2±0
α, ω-C28	4±1	132±33	10±5	405±215	4±1	19±8	bdl	bdl
正构烷烃-α, ω-二元酸总和	48±3	923±60	46±8	2147±246	26±2	118±10	92±5	198±13
中链羟基酸和环氧酸								
7-羟基-C16-α, ω-二酸或8-羟基-C16-α, ω-二酸	7±2	128±13	6±1	99±56	2±0	6±2	14±4	27±6
x, 16-二羟基-C16 酸 (x = 8, 9, 10)	2±0	50±8	3±1	83±36	2±1	25±11	30±7	379±30
18-羟基-9, 10-环氧十八烷酸	1±0	13±2	bdl	19±3	bdl	10±5	2±0	13±3
9, 10-环氧-C18-α, ω-二酸	bdl	9±2	1±0	9±4	bdl	3±1	bdl	11±4
9, 10, 18-三羟基十八烷酸	2±1	27±6	bdl	bdl	bdl	bdl	bdl	bdl
中链取代酸总和	12±2	226±17	10±2	210±67	4±1	44±12	45±8	430±31
ω-羟基脂肪酸								
ω-C9	bdl	6±1	bdl	bdl	bdl	bdl	bdl	bdl
ω-C16	10±2	162±16	12±2	226±82	6±1	47±13	57±11	412±76
ω-C18：1	1±0	9±3	2±0	35±13	2±1	11±4	20±9	91±18
ω-C20：1	1±0	13±4	bdl	10±4	1±0	21±10	29±6	165±157
ω-C20	1±0	6±2	2±1	53±20	bdl	13±6	3±1	93±24
ω-C22	15±4	356±70	15±7	477±172	11±2	86±30	16±2	128±33
ω-C24	17±5	425±92	28±13	804±436	12±2	91±38	4±1	24±5
ω-C26	1±0	17±2	3±1	126±47	1±0	17±6	bdl	11±2
ω-羟基脂肪酸总和	46±7	993±116	61±15	1731±479	33±3	284±52	129±15	923±180
无环脂肪酸总和	269±10	5020±170	237±21	9171±565	173±5	1285±61	428±19	2481±189
总水解产物木栓质和角质单体	318±13	5873±217	287±26	10879±647	279±14	1762±88	533±23	2807±199
木栓质	61±7	1417±128	82±16	3279±531	40±3	298±51	86±8	513±162
角质	19±3	336±21	14±2	324±71	12±1	63±12	84±9	475±32
木栓质或角质	36±3	549±30	26±3	638±88	19±2	119±15	136±14	644±80
木栓质/角质	1.8±0.3	2.2±0.2	2.7±0.7	4.1±1.1	1.9±0.3	2.3±0.6	1.0±0.1	1.0±0.3

6.3 活性矿物的去除修正生物标志物信息

为得到修正后的脂类分子生物标志物信息，研究者分析了温和酸处理前后不同土壤深度脂和木质素降解参数的变化。活性矿物去除前后脂质组分的差异可能导致有机质来源的生物标志物信息发生改变，其中最典型的就是碳优势指数（carbon preference index，CPI）。一方面，酸处理前由于一些土壤中脂肪酸的含量低，故无法计算 CPI（Li et al.，2018）；另一方面，如果不经过酸处理，CPI 分析结果与经过酸处理后的结果相比，可能会得出不同甚至是相反的结论。例如，酸处理前测得的 CPI 随着土壤深度的增加而降低，而酸处理后随着土壤深度的增加而增加（Li et al.，2018）。长链脂肪酸与短链脂肪酸的比值设置为 RLS，$\geq C20/<C20$ 不仅用于评估微生物来源和新鲜植物来源的脂肪酸在 SOM 中的贡献，而且可用于识别降解程度（Wiesenberg et al.，2010）。以往的研究表明，较小的 RLS 值（0.1～0.4）代表其 SOM 主要来源于新鲜植物（Tulloch，1976）。微生物不含长链脂肪酸，因此 RLS 值接近于零，其 SOM 主要来源于微生物。当脂肪酸降解时，短链脂肪酸优先降解使得 RLS 值增加。矿物颗粒对不同生物标志物化学物的选择性保护会改变上述值。以 60 年人工橡胶林为例，酸处理前 RLS 均在 0～0.4，酸处理后 RLS 略有增加，为 0.1～0.5（表 6.2），这一结果说明酸处理前未检测到长链脂肪酸是因为矿物的存在阻碍了萃取，而不是因为长链脂肪酸的缺失（Li et al.，2018）。酸处理前，0-Z 的 RLS 为 0，酸处理后。0-Z 的 RLS 最大值达到 0.3。0-X 和 10-X 的结果相似。

表 6.2 酸处理前后与有机质来源和降解阶段相关的生物标志物指标变化

	样品	CPI_{AF}	SD	CPI_{ALK}	SD	RLS_{AF}	SD	ACL_{AF}	SD	R	SD	CR	AR
酸处理前	0-S	7.87	0.46	1.67	0.33	0.13	0.01	17.8	0.07	18.0	3.43	4.5	4.4
	0-Z	NC	NC	1.73	0.01	0	0	16.9	0.02	15.6	2.86	8.9	3.4
	0-X	NC	NC	1.86	0.15	0	0	16.8	0.08	34.8	3.78	7.6	3.0
	10-S	5.32	0.04	1.69	0.13	0.37	0.05	19.6	0.26	2.39	0.67	4.5	1.2
	10-Z	1.73	0.37	1.67	0.05	0.11	0	17.6	0.07	2.32	0.21	4.4	1.3
	10-X	0	0	1.24	0.06	0.01	0	17.1	0.02	4.53	0.16	4.1	3.0
	60-S	11.1	0.90	1.77	0.01	0.40	0.02	20.2	0.11	2.84	0	5.3	1.3
	60-Z	5.05	0.52	1.37	0.04	0.19	0.01	19.3	0.03	2.45	0.02	7.2	1.8
	60-X	2.24	0.85	1.92	0.09	0.07	0	17.4	0.01	3.30	0.70	3.0	1.3
	BL	16.5	2.23	16.5	2.73	0.10	0	18.3	0	8.64	0.19		
	RL	NC	NC	NC	NC	0.06	0	17.4	0.01	12.9	0.86		
酸处理后	A0-S	4.52	0.03	2.04	0.13	0.49	0.08	19.8	0.39	14.5	0.39		
	A0-Z	6.01	0.73	2.71	0.59	0.29	0.04	18.7	0.26	23.3	3.72		
	A0-X	9.71	0.35	2.47	0.65	0.19	0.02	18.1	0.15	70.1	1.97		
	A10-S	5.67	0.04	1.59	0.02	0.39	0.05	19.3	0.26	11.1	0.40		
	A10-Z	5.61	0.37	1.31	0.05	0.32	0	19.0	0.07	9.44	0.21		
	A10-X	16.7	0	1.25	0.06	0.10	0	17.6	0.02	8.95	2.56		
	A60-S	5.57	0.02	0.98	0.08	0.22	0.01	18.5	0.07	14.0	1.24		
	A60-Z	6.52	0.21	1.64	0.31	0.13	0	17.8	0.03	13.6	2.93		
	A60-X	13.11	1.98	1.55	0.10	0.17	0.03	18.0	0.18	9.05	2.31		

注：R 表示链状脂肪族与环状脂的比值。CPI_{AF} 表示长链脂肪酸的偶数碳优势指数，CPI_{ALK} 表示烷烃的奇数碳优势指数；RLS_{AF} 表示长链脂肪酸之和（$\Sigma \geq C20$）与短链脂肪酸之和（$\Sigma < C20$）的比值，ACL_{AF} 表示脂肪酸的平均碳长度；AR 表示酸处理后与酸处理前链状脂肪族的比值；CR 表示酸处理后与酸处理前环状脂肪族的比值；BL 表示竹叶；RL 表示橡胶叶；SD 表示标准差。

此外，由于环状脂肪比直链脂肪更能抵抗微生物的分解，因此环链脂肪族的比值 R 也常作为示踪有机质降解的参数。然而，最近一些研究者发现，在比表面积较大的黏土矿物（蒙脱石和高岭石）表层，非环状脂比芳香脂的保护效果更好（Otto and Simpson，2005）。在本书研究中观察到，酸处理后某些 R 值增加了 5 倍（表 6.2），这将大大改变数据分析的结果。如酸处理前的 R 值表明，环脂在 0-Z 中保存较好，而酸处理后则相反（Li et al.，2018）。显然，有机溶剂不能完全提取脂质，因为脂质被包裹成团聚体或有机矿物复合物相互作用。如果可以量化和校准矿物保护的程度，生物标志物信息仍然可以在不进行酸处理的情况下应用。然而，事实并非如此。不同物质具有不同的保护选择性，如环状脂肪族化合物的选择性保护强于非环状脂肪族化合物（Pisani et al.，2014），非环状脂肪族化合物强于芳香族化合物的选择性保护。因此，根据土壤类型或耕作活动的不同，选择性保护措施可能变化很大，在提出矿物保护的校准策略之前，需要对脂类提取进行酸处理。

6.4　本 章 小 结

过去利用生物标志物识别 SOM 周转、降解情况往往忽略了生物标志物可能会与矿物特别是活性矿物紧密结合，从而影响其萃取率。前面章节提出 HF 处理不会改变有机质自身的结构尤其是大分子结构，因此，本章进一步阐述了 HF 处理对脂类生物标志物（尤其是游离态脂和结合态脂）萃取率的影响，结果表明，活性矿物的去除会显著提高脂肪酸的含量。同时指出矿物的存在不仅会改变脂类生物标志物的提取率，同时会改变脂类生物标志物的相关降解参数，可能会影响对 SOM 周转的识别。

参 考 文 献

Cai Y，Tang Z Y，Xiong G M，et al.，2017. Different composition and distribution patterns of mineral-protected versus hydrolyzable lipids in shrubland soils. Journal of Geophysical Research：Biogeosciences，122（9）：2206-2218.

Li F F，Pan B，Liang N，et al.，2017. Reactive mineral removal relative to soil organic matter heterogeneity and implications for organic contaminant sorption. Environmental Pollution，227：49-56.

Li F F，Zhang P C，Wu D P，et al.，2018. Acid pretreatment increased lipid biomarker extractability：a case study to reveal soil organic matter input from rubber trees after long-term cultivation. European Journal of Soil Science，69（2）：315-324.

Lin L H，Simpson M J，2016. Enhanced extractability of cutin-and suberin-derived organic matter with demineralization implies physical protection over chemical recalcitrance in soil. Organic Geochemistry，97：111-121.

Lützow M V，Kögel-Knabner I，Ekschmitt K，et al.，2006. Stabilization of organic matter in temperate soils：mechanisms and their relevance under different soil conditions-a review. European Journal of Soil Science，57（4）：426-445.

Mahamat Ahmat A，Boussafir M，Le Milbeau C，et al.，2016. Organic matter-clay interaction along a seawater column of the Eastern Pacific upwelling system（Antofagasta bay，Chile）：implications for source rock organic matter preservation. Marine Chemistry，179：23-33.

Otto A，Simpson M J，2005. Degradation and preservation of vascular plant-derived biomarkers in grassland and forest soils from Western Canada. Biogeochemistry，74（3）：377-409.

Otto A，Shunthirasingham C，Simpson M J.，2005. A comparison of plant and microbial biomarkers in grassland soils from the Prairie Ecozone of Canada. Organic Geochemistry，36（3）：425-448.

Pisani O，Hills K M，Courtier-Murias D，et al.，2014. Accumulation of aliphatic compounds in soil with increasing mean annual temperature. Organic Geochemistry，76：118-127.

Tulloch A P，1976. Chemistry of waxes of higher plants. Chemistry and biochemistry of natural waxes. Amsterdam：Elsevier.

Wiesenberg G L B，Dorodnikov M，Kuzyakov Y，2010. Source determination of lipids in bulk soil and soil density fractions after four years of wheat cropping. Geoderma，156（3-4）：267-277.

第7章 苯多羧酸标志物描述生物炭与土壤矿物颗粒的相互作用

7.1 引　　言

在农业土壤中，土壤有机碳的矿化和消耗受耕作的影响很大，长期耕作会导致土壤有机碳的大量流失，增加碳的输入可以提高 SOC 的质量和数量（Guan et al.，2019）。生物炭中浓缩的芳香碳结构可抵抗生物降解，能长期存在于土壤中，最终导致 SOC 库的增加（Rasul et al.，2022）。虽然生物炭的添加可以增加土壤的总碳含量，但最近的研究表明，生物炭的添加可能会影响内源土壤有机碳（nSOC）的矿化率，即产生激发效应（Han et al.，2020；Singh et al.，2014）。生物炭的添加，究竟是加快了 nSOC 的矿化率（正激发效应），还是降低了 nSOC 的矿化率（负激发效应），目前还存在很大的争议（Zimmerman et al.，2011）。想要解决这一问题的主要挑战之一是如何准确地从土壤中识别和量化生物炭信息。然而，先前的研究也指出，这种不同的结果主要依赖于生物炭的稳定性。生物炭的稳定性通常归因于其缩合的芳香结构，它能有效地抵抗生物或非生物的氧化分解。但是，目前已经报道了环境中存在很多可以降解缩合芳香结构的微生物，如革兰氏阳性菌、*Rhodocyclaceae*、*Xanthobacteraceae*、真菌和放线菌等（Rasul et al.，2022；Chen et al.，2021）。有研究人员指出，在实验室模拟中，生物炭的降解速度很快（Singh et al.，2012），但观察到生物炭在环境中的寿命很长，可达 1000～10000a（Rasul et al.，2022）。我们前期研究发现，生物炭颗粒与土壤矿物成分之间存在明显的相互作用（Chang et al.，2020），因此，我们假设土壤矿物成分对生物炭的稳定性也起着重要作用。

BPCAs 分子生物标志物可以描述生物炭的芳香缩合度，量化生物炭施用到土壤后的含量和特性。此外，利用颗粒密度分级可以识别生物炭在游离的轻组分（fLF）、团聚体包裹的轻组分（oLF）和重组分（HF）中的分布，这有助于区分具有不同降解程度的碳库（López-Martín et al.，2018；Grunwald et al.，2017；Yamashita et al.，2006）。因此，BPCAs 分子生物标志物和颗粒密度分级的结合可能为理解生物炭与土壤颗粒的相互作用过程提供重要信息。

本章将松木屑制备的生物炭按质量分数 1%、3%和 5%的比例添加到土壤中进行一个月的培养，联合运用土壤颗粒密度分级和 BPCAs 分子生物标志物方法探究生物炭在土壤不同组分中的分布特征，分析生物炭与矿物颗粒的相互作用。

7.2 材料与方法

7.2.1 土壤和生物炭的准备

本章采集了云南省丽江市（N27°10′4.6″，E100°17′7.4″）、牟定县（N25°21′6″，

E101°36′32″）和石林县（N24°38′58.6″，E103°19′52.3″）三个地方的农田土壤。根据《土壤环境监测技术规范》（HJ/T 166—2004），采集耕作层（0～20cm）土样。为保证样品的代表性，采取梅花点法采集混合样品，每个采样地均设置 9 个采样点，将采集的样品进行充分混合。去除新鲜土壤中可见的根系、植物残体和岩石，然后将土壤过筛（<2mm）并彻底混匀，土壤的性质详见表 7.1。其中，丽江采集土壤主要为棕壤，总碳含量为19.0g/kg，pH 为 6.7，砂粒质量分数为 26.1%，粉砂质量分数为 48.3%，黏粒质量分数为25.6%；牟定采集土壤主要为石灰土，总碳含量为 28.3g/kg，pH 为 7.3，砂粒质量分数为36.2%，粉砂质量分数为 54.6%，黏粒质量分数为 9.19%；石林采集土壤主要为红壤，总碳含量为 11.7g/kg，pH 为 5.3，砂粒、粉砂和黏粒的质量分数分别为 8.85%、50.9%和 40.3%。根据三种土壤中黏粒质量分数分布情况可知，丽江、牟定和石林采集的三种土壤质地分别为粉砂质黏壤土、粉砂质壤土和粉砂质黏土（吕贻忠和李保国，2010）。

表 7.1　土壤的基本性质

土壤样品	质量分数/%			pH
	砂粒	粉砂	黏粒	
丽江（棕壤）	26.1	48.3	25.6	6.7
牟定（石灰土）	36.2	54.6	9.19	7.3
石林（红壤）	8.85	50.9	40.3	5.3

注：表中数据有四舍五入。

选择松木屑制备生物炭。将样品自然风干后，取适量样品置于马弗炉中，于 300℃下在 N₂ 中热解 4h，得到 300℃的松木屑生物炭，标记为 PW300。

7.2.2　土壤/生物炭混合培养实验

本书实验设置不同的处理方式，包括不施用生物炭的对照组和施用生物炭的实验组。前人研究指出，农业土壤中生物炭的最佳施用质量分数为 1%～5%，因此本书研究将实验组中生物炭的添加质量分数设定为 1%、3%和 5%（Yin et al.，2016）。按相应添加比例计算出生物炭的量并加入 2kg 土壤，混合均匀后倒入实验容器中。每种处理方式设置 3 组平行实验。在每个容器中，土壤含水量保持在持水能力的 60%、室内的温度维持在 25℃左右，平均日照时数约为 8h。一个月后，均匀地从每个容器中取 300g 土壤，自然风干后研磨并通过 2mm 的筛子。其中，丽江采集的棕壤、牟定采集的石灰土和石林采集的红壤样品分别标记为 L、M 和 S，未添加生物炭的空白对照标记为 LK、MK 和 SK，生物炭添加比例为 1%、3%和 5%的丽江棕壤土记为 L1、L3 和 L5，牟定石灰土记为 M1、M3 和M5，石林红壤土记为 S1、S3 和 S5。

7.2.3　土壤密度组分分级

土壤密度组分分级主要是基于 Grunwald 等（2017）的研究方法并做了进一步修改。

取 7g 过 2mm 筛的风干土壤，倒入 50mL 离心管中，加入 28mL 密度为 1.8g/cm³ 的碘化钠（NaI）溶液，将离心管手动缓慢上下摇动 5 次，使土壤润湿，静置 30min，以 3500r/min 的速度离心 30min，上清液用真空过滤装置进行过滤（＜0.45μm），滤纸上的残渣即为 fLF，用超纯水冲洗 5 次，每次 100mL，将多余的 NaI 移除。离心管中剩余固体残渣，再加入 28mL 密度为 1.8g/cm³ 的 NaI 溶液，手动上下摇动 25 次使其分散，通过 300J/cm³ 的超声处理以破坏团聚体。在超声处理期间，样品周围需用冰水浴以保证样品中液体温度小于 50℃。超声结束后，静置 30min，以 3500r/min 的速度离心 30min。上清液操作步骤同 fLF，获得的滤渣即为 oLF。离心管中剩余的颗粒为 HF，用超纯水反复冲洗直至上清液的电导率小于 50μS/cm。所有组分在 40℃ 条件下烘至干燥并称重。分离情况见图 7.1。

图 7.1　土壤培养过程和密度分级示意图

7.2.4　BPCAs 分子标志物的分析测定

　　土壤各密度组分中 BPCAs 含量的分析方法与整体生物炭的分析方法一致，即称取 TOC 含量＜5mg 的密度组分样品倒入反应釜中，加入 10mL 4mol/L 的三氟乙酸（trifluoroacetic acid，TFA）溶液在 105℃ 下反应 4h。用玻璃纤维膜（Whatman GF/A 1.6μm）抽滤，并用超纯水反复冲洗。将滤渣置于 40℃ 烘箱中烘干后倒入反应釜中，加入 2mL 65% 的 HNO₃，在 170℃ 条件下反应 8h，待彻底冷却后，向反应釜中分多次加入共 10mL 超纯水并过滤。取 2mL 滤液，依次加入 10mL 超纯水和 100μL 柠檬酸，混匀后过阳离子交换柱（Dowex 50 WX8）。滤液冷冻干燥后用甲醇重新溶解并转移到液相瓶中，加入 100μL 联苯-2, 2′-二羧酸二甲酯，N₂ 吹至干燥。再依次加入 100μL 无水吡啶和 100μL N, O-双三甲基硅基三氟乙酰胺＋三甲基氯硅烷（BSTFA＋TMCS，99∶1），于 80℃ 条件下反应 2h。置于低温环境中 24h，用 GC-MS 进行分析。

　　在进行重组分中的 BPCAs 含量测定前，对 HF 进行去矿处理。以 1∶4 的比例（质量比）将 3g HF 加入 10% 氢氟酸＋1mol/L 盐酸的混合溶液中洗涤 5 次，每次放于摇床中（室温，120r/min）振荡 2h。随后，在 2500r/min 的转速下离心 30min，使固液分离。酸洗 5 次后，再用超纯水反复水洗直至检测不到 Cl⁻。最后，于 40℃ 条件下烘干。

7.2.5　土壤和生物炭的性质分析

生物炭、土壤及土壤各密度组分元素组成的测定：用元素分析仪（vario MicroCube，德国）测定样品颗粒中 C、H、N、S 和 O 的百分含量，并根据各元素的百分含量计算 H/C 和 C/N 的原子比。

pH 的测定：将土壤和生物炭分别以 1∶2.5 和 1∶10 的比例（质量与体积比）加入超纯水中，振荡 30min 后用 pH 计（Leici Instruments，中国）进行分析（Li et al.，2016）。

粒径分布测定：采用激光粒度仪（Mastersizer 2000，英国），根据米氏散射理论测定三种土壤的粒径分布情况。具体操作为：在样品杯中加入纯净、适量的分散剂，打开进样泵，使溶液在样品杯、进样泵、进样管和样品池中循环流动，同时打开超声分散器，赶走分散剂溶液中夹带的小气泡。仪器的检测范围为 0.02～2000μm。

7.3　土壤不同密度组分的基本性质

没有添加生物炭的对照土壤 LK、MK 和 SK 中碳含量分别为 19.0g/kg、28.3g/kg 和 11.7g/kg，氮含量分别为 1.70g/kg、3.09g/kg 和 1.14g/kg（表 7.2）。生物炭添加对土壤氮含量的影响不大，但显著增加了土壤中的碳含量，且随添加比例的增加而增大，L、M 和 S 土壤中碳含量分别从 19.0g/kg 增加到 55.7g/kg、28.3g/kg 增加到 68.8g/kg、11.7g/kg 增加到 57.2g/kg。随着生物炭添加比例的升高，土壤 C/N 升高，H/C 降低，说明生物炭中的碳进入土壤中。

表 7.2　未分离的原始土壤的基本性质

样品	N 含量/(g/kg)	C 含量/(g/kg)	H 含量/(g/kg)	C/N	H/C
LK	1.70±0.07	19.0±1.59	17.2±1.03	13.0	10.9
L1	1.44±0.06	27.95±2.70	18.6±1.00	22.5	7.97
L3	1.34±0.22	41.0±2.34	17.2±0.65	35.7	5.03
L5	1.68±0.25	55.7±7.60	17.2±0.40	38.6	3.71
MK	3.09±0.05	28.3±0.23	7.09±0.55	10.7	3.01
M1	3.20±0.11	36.3±1.57	6.67±0.30	13.2	2.21
M3	3.30±0.03	54.9±3.57	8.93±1.85	19.4	1.95
M5	3.50±0.13	68.8±1.74	7.70±0.11	23.0	1.34
SK	1.14±0.13	11.7±0.91	13.6±1.06	11.9	14.0
S1	1.16±0.05	20.0±0.81	14.4±0.21	20.2	8.67
S3	1.17±0.02	34.5±1.30	14.4±0.64	34.2	5.00
S5	1.57±0.10	57.2±5.95	15.6±0.83	42.4	3.26

经密度分级处理后，土壤颗粒的质量回收率在 91.3%～96.3%。如图 7.2 所示，三种土壤均以 HF 为主要组分，含量在 916～948g/kg，其次是 fLF 和 oLF，含量分别为 7.89～17.6g/kg、2.32～5.12g/kg。添加生物炭后，fLF 含量显著提高，L、M 和 S 土壤中的 fLF 分别增加至 82.6g/kg、84.1g/kg、53.9g/kg。oLF 也有一定程度的增加，L、M 和 S 土壤中的 oLF 分别增加至 9.16g/kg、15.6g/kg、6.42g/kg。相反，HF 含量随生物炭添加量的增加逐渐减少，但仍是土壤的主要组分。

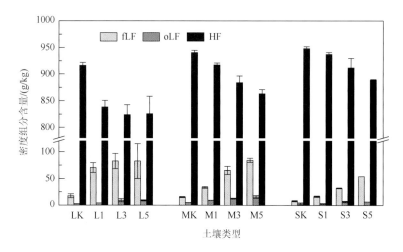

图 7.2　生物炭添加量为 1%、3% 和 5% 时土壤密度组分的质量分布

从表 7.3 中所列各组分的碳含量来看，施用生物炭后，fLF 和 oLF 中的碳含量比空白对照组提高了 2～3 倍。根据土壤组分的碳含量和质量，我们可以计算出每个土壤组分的碳分布（图 7.3）。生物炭的输入极大地改变了不同组分中碳的分布情况，fLF 中碳的分布显著增加。不难发现，碳含量的增加并不总是与所添加生物炭的百分比相一致，这表明生物炭可能无法解释所有的碳含量变化。先前的研究指出，生物炭与 nSOC 的周转有关（Rasul et al.，2022；Han et al.，2020）。因此，确定生物炭和有机碳对整体碳含量变化的具体贡献非常重要。

表 7.3　不同土壤不同生物炭添加比的密度组分中 C/N、H/C 和各元素组成

样品	fLF					oLF					HF				
	N 含量 /(g/kg)	C 含量 /(g/kg)	H 含量 /(g/kg)	C/N	H/C	N 含量 /(g/kg)	C 含量 /(g/kg)	H 含量 /(g/kg)	C/N	H/C	N 含量 /(g/kg)	C 含量 /(g/kg)	H 含量 /(g/kg)	C/N	H/C
LK	8.03± 0.03	145± 1.51	30.2± 0.66	21.0	2.50	13.6± 0.11	259± 1.43	35.6± 0.40	22.2	1.65	1.08± 0.15	14.1± 1.10	12.9± 1.23	15.3	11.0
L1	5.06± 0.14	123± 5.09	25.3± 1.52	28.4	2.46	10.1± 0.11	514± 8.36	35.5± 0.79	59.2	0.83	0.93± 0.32	14.1± 1.27	13.3± 1.90	17.7	11.3
L3	6.04± 0.04	262± 3.26	28.3± 1.59	50.6	1.30	8.13± 0.48	537± 7.19	33.2± 0.96	77.1	0.74	0.96± 0.08	14.4± 0.34	12.1± 0.96	17.6	10.1
L5	6.54± 0.27	320± 8.71	28.1± 0.80	57.0	1.05	9.08± 0.13	580± 12.3	32.0± 0.82	74.5	0.66	0.99± 0.09	14.8± 0.85	11.5± 0.44	17.5	9.28

续表

样品	fLF					oLF					HF				
	N含量/(g/kg)	C含量/(g/kg)	H含量/(g/kg)	C/N	H/C	N含量/(g/kg)	C含量/(g/kg)	H含量/(g/kg)	C/N	H/C	N含量/(g/kg)	C含量/(g/kg)	H含量/(g/kg)	C/N	H/C
MK	13.7±0.14	190±0.90	29.8±0.39	16.1	1.89	19.3±0.31	284±6.02	37.4±1.61	17.1	1.58	2.48±0.06	24.0±0.90	6.39±0.37	11.3	3.20
M1	9.00±0.34	228±4.97	23.1±1.68	29.5	1.22	16.3±0.58	440±1.0	33.3±1.21	31.4	0.91	2.68±0.41	25.4±1.08	5.72±0.23	11.0	2.71
M3	7.67±0.12	307±4.16	20.6±0.53	46.7	0.80	13.3±0.14	574±1.6	30.5±0.62	50.6	0.64	2.55±0.21	27.5±0.75	5.73±0.18	12.6	2.50
M5	7.85±0.14	361±2.62	21.3±0.43	53.7	0.71	12.2±0.17	549±0.75	28.4±1.62	52.5	0.62	2.41±0.24	27.1±0.55	5.18±0.31	13.2	2.29
SK	8.59±0.19	214±2.70	28.8±1.23	29.0	1.62	4.09±0.37	118±6.57	22.0±0.93	33.6	2.25	0.88±0.08	10.3±0.34	11.0±1.75	13.6	12.9
S1	9.15±0.05	482±5.31	30.1±0.52	61.5	0.75	6.44±0.49	335±2.48	24.5±0.83	60.6	0.86	0.84±0.22	12.7±0.94	14.3±2.01	17.7	13.5
S3	8.71±0.13	576±6.78	30.1±0.68	77.2	0.63	5.74±0.07	364±2.13	23.5±1.13	74.0	0.75	0.81±0.03	13.4±0.28	13.1±0.18	19.4	11.7
S5	8.14±0.18	543±9.89	28.1±0.63	77.8	0.62	7.32±0.24	475±7.49	24.3±0.80	75.6	0.60	1.01±0.09	14.6±0.29	13.0±0.34	16.8	10.7

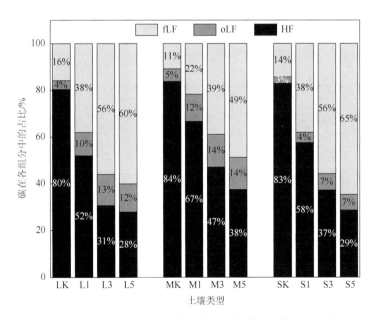

图 7.3　密度组分中的碳含量对整体土壤碳含量的相对贡献

注：图中数据有四舍五入。

7.4　生物炭与土壤矿物颗粒的相互作用

BPCAs 分子标志物在量化土壤中的生物炭方面具有巨大的潜力，在区分生物炭碳含量或生物炭激发的微生物生物量方面有很大应用前景（Singh et al.，2014）。

　　对土壤密度组分进行 BPCAs 分子生物标志物信息测定，发现对照土壤密度组分中存在少量的 BPCAs（图 7.4），这主要归因于人类活动干扰，例如，在种植过程中燃烧秸秆，或者施用农家肥输入类 BC 物质等（Chang et al.，2020）。生物炭的添加使得各密度组分中 BPCAs 含量显著增加。有趣的是，在此土壤矿物颗粒为主的部分，BPCAs 含量也有所增加。根据 BPCAs 分析，施用的生物炭中有接近一半的量被包裹在 L 和 M 土壤的 oLF 中，这表明生物炭在一个月的培养中很快被包裹在土壤团聚体中。尽管 HF 中 BPCAs 所占全部土壤的比例很低，但可以证明生物炭的应用确实增加了 HF 中的 BPCAs 含量。根据 HF 中 BPCAs 所占比例可以看出，有 10%～15% 的生物炭与土壤矿物颗粒形成了有机-矿物复合物。在 oLF 和 HF 中检测到 BPCAs，表明除了生物炭自身浓缩的芳香族结构外，生物炭和土壤矿物颗粒之间的相互作用可能会进一步稳定生物炭，这突出了生物炭在土壤固碳方面的潜力。

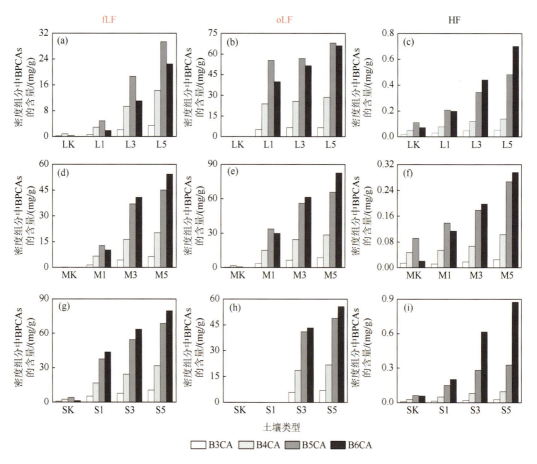

图 7.4　生物炭添加对不同土壤密度组分中 BPCAs 分布的影响

注：B3CA 表示苯三甲酸，B4CA 表示苯四甲酸，B5CA 表示苯五甲酸，B6CA 表示苯六甲酸。

　　有机-矿物复合体通常是通过生物炭中释放出来的溶解性有机质或者胶体颗粒吸附到矿物上形成的，如铁的氢氧化物（Yang et al.，2018；Wang et al.，2013）。一般认为，有机质只有在足够亲水的情况下才可溶解，如烷基 C 和 O—烷基 C（Burgeon et al.，2021；

Yeasmin et al.，2020）。因此，HF 中所含碳的芳香缩合度理论上应该比原始生物炭低。在本书中，具有高芳香缩合度结构的 B6CA 在 HF 中的百分比与 fLF 或 oLF 相当甚至更高（图 7.5）。这一结果表明，进入 HF 组分中的生物炭不是高度氧化的，而更像破碎的片段，如溶解的黑炭或纳米生物炭颗粒（Chen et al.，2022a；Lu et al.，2020）。一些非常小的矿物颗粒可能嵌入生物炭的孔隙中，或者大量的阳离子被吸附在生物炭上，这大大增加了生物炭颗粒的密度，使得这部分生物炭也合并到 HF 中（Jing et al.，2022；Yang et al.，2016）。此外，三种土壤 HF 中 BPCAs 各单体的分布情况不同，可能是不同土壤类型的选择性分配或分级吸附导致的。所有这些过程都涉及生物炭-矿物颗粒之间的相互作用，有利于提高生物炭的稳定性。

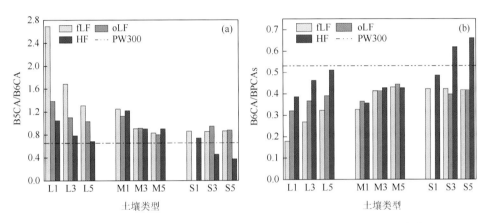

图 7.5　不同土壤 fLF、oLF 和 HF 中 B5CA/B6CA 和 B6CA/BPCAs 的值

注：PW300 表示 300℃松木屑生物炭。

　　将各 BPCA 单体的含量加和可得到 BPCAs 的总量。本书计算了生物炭以不同比例添加到土壤中理论添加的 BPCAs 总量和培养一个月后实际测定的 BPCAs 总量。结果显示，经过一个月的培养，所添加的生物炭回收率高于 80%，但数据差异较大[图 7.6（a）]，这可能是生物炭颗粒向下迁移和分布高度不均匀造成的。说明经过短期的培养，生物炭尚未发生明显的降解，同时也证明了运用 BPCAs 分子生物标志物方法可以准确地对土壤中的生物炭进行定量。因此，我们计算并比较了土壤各密度组分中 BPCAs 的分布。结果显示，生物炭按 1%、3%和 5%的比例添加到土壤中培养一个月后，L、M 和 S 土壤中 BPCAs 主要分布在 fLF 中，分别占土壤中总 BPCAs 含量的 47%~70%、54%~76%和 76%~87%[图 7.6（b）]；其次是 oLF 组分，分别占土壤中总 BPCAs 含量的 19%~38%、21%~39%和 7%~11%；HF 中 BPCAs 的量分别占土壤中总 BPCAs 含量的 11%~15%、3%~7%和 9%~13%。L 和 S 土壤的 HF 组分中 BPCAs 含量高于 M 土壤。研究报道，粉砂和黏土等微小矿物颗粒可以与生物炭发生相互作用，形成有机-矿物复合体或矿物颗粒/离子包埋在生物炭中（Qiu et al.，2019；Fernández-Ugalde et al.，2017）。层状硅酸盐、铁-铝氧化物或者氢氧化物都可能通过多价阳离子桥、配体交换或弱相互作用等与生物炭发生相互作用（Fernández-Ugalde et al.，2017）。L 和 S 分别为粉砂质黏壤土和粉砂质黏土，含有较高的粉砂和黏粒含量（表 7.1），这可能是它们的 HF 组分能够更有效地封存生物炭的原因。

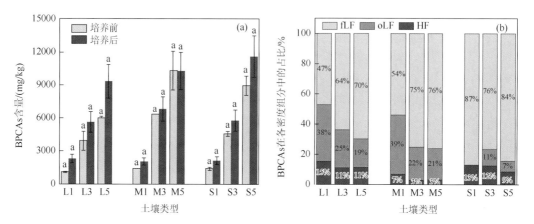

图 7.6　生物炭刚添加到土壤中和添加到土壤中培养一个月后的 BPCAs 的含量（a）和施用生物炭后土壤密度组分中 BPCAs 含量的相对贡献（b）

注：小写字母代表生物炭刚添加到土壤中和添加到土壤中培养一个月后的 BPCAs 含量的比较（$P<0.05$），
图中数据有四舍五入。

7.5　BPCAs 方法量化不同来源碳对土壤碳的贡献

如前所述，添加生物炭显著增加了各密度组分中的碳含量（表 7.3），并显著提高了 oLF 和 HF 中碳含量在土壤总碳含量中的占比（图 7.3），说明生物炭进入 oLF 和 HF 中。但是，很难确定碳含量的增加是完全由生物炭贡献，还是来源于其他碳成分，如生物炭刺激的微生物生物量。在本书中，结合 BPCAs 生物标志物的相关数据，可以得到各密度组分中生物炭贡献的碳含量，结果如图 7.7 所示。

土壤整体碳含量呈上升趋势，而内源土壤碳含量随土壤类型或土壤组分的不同而增加或减少。据报道，生物炭可以刺激微生物生物量的丰度，因为生物炭为微生物提供了庇护场所和营养物质（Chagas et al.，2022；Weng et al.，2015）。此外，生物炭可以吸附和保护 SOC（特别是低分子量有机物）不被生物和非生物分解，从而导致负激发效应或稳定 SOC（Chen et al.，2022b）。然而，也有研究表明生物炭的应用可能会产生正激发效应，从而促进 nSOC 的释放（Chen et al.，2021；Zimmerman et al.，2011）。其主要机制是微生物适应新获得的碳源，导致土壤养分（N、P）和 nSOC 矿化，甚至包括很多难降解成分，如土壤腐殖质（Zimmerman et al.，2011；Kuzyakov et al.，2000）。显然，碳的周转量取决于这两种相反效应的平衡。

在本书中，在排除生物炭贡献的碳外，大多数土壤中剩余的碳含量较空白对照实验组有所增加，说明生物炭普遍存在负激发效应，碳含量随土壤组分的变化而变化。特别值得注意的是，L 土壤的 oLF 和 HF 组分中微生物贡献的碳含量为负值 [图 7.7（c）]，表明施用生物炭引起该土壤中碳的损失，这意味着 L 土壤中与矿物颗粒相关的 nSOC 发生了正激发效应。因此，在进行 L 土壤固碳分析时应仔细评估这一点。以往的研究观察到生物炭添加初期 SOM 损失（Singh et al.，2014；Luo et al.，2011），但是随着添加时间的延长，SOM 组成会逐渐增加（Rasul et al.，2022）。如前所述，生物炭进入不同土壤的 oLF 和 HF 组分的百分比不同，表明生物炭−土壤颗粒相互作用处于不同的阶段。但是，要想证明此现象，还需要进行更详细和更深入的研究。

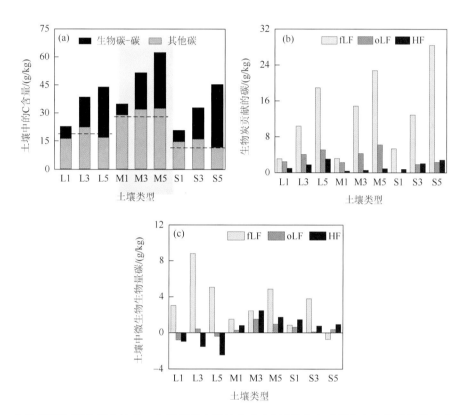

图 7.7　生物炭添加到土壤中培养一个月后碳含量的分布（a）以及各密度组分中生物炭贡献的碳含量（b）和微生物贡献的碳含量（c）

7.6　本　章　小　结

生物炭−土壤矿物相互作用的重要作用在以往关于生物炭环境行为的研究中没有得到有效证实。结合土壤颗粒密度分级和 BPCAs 分子生物标志物方法，我们观察到生物炭在一个月的培养时间内与土壤矿物组分快速地发生了相互作用，其作用强度与土壤中的黏土矿物含量有关。在研究生物炭的稳定性/周转率和环境功能时，应广泛关注这种相互作用。根据土壤性质和组分的不同，生物炭的添加可能会消耗（正激发效应）或积累（负激发效应）nSOC。由于样本量和培养时间有限，本书无法为明显的激发效应提供预测模型。然而，评估生物炭的应用对 nSOC 的激发效应应该在准确检测生物炭含量和性质的前提下进行。

参 考 文 献

吕贻忠，李保国，2010. 土壤学实验. 北京：中国农业出版社.

Burgeon V，Fouché J，Leifeld J，et al.，2021. Organo-mineral associations largely contribute to the stabilization of century-old pyrogenic organic matter in cropland soils. Geoderma，388：114841.

Chagas J K M，de Figueiredo C C，Ramos M L G，2022. Biochar increases soil carbon pools：evidence from a global meta-analysis. Journal of Environmental Management，305：114403.

Chang Z F，Tian L P，Li F F，et al.，2020. Organo-mineral complexes protect condensed organic matter as revealed by benzene-polycarboxylic acids. Environmental Pollution，260：113977.

Chen G H，Fang Y Y，Van Zwieten L，et al.，2021. Priming，stabilization and temperature sensitivity of native SOC is controlled by microbial responses and physicochemical properties of biochar. Soil Biology and Biochemistry，154：108139.

Chen Q，Ma Y J，Dong J H，et al.，2022a. The chemical structure characteristics of dissolved black carbon and their binding with phenanthrene. Chemosphere，291：132747.

Chen X，Lin J J，Wang P，et al.，2022b. Resistant soil carbon is more vulnerable to priming effect than active soil carbon. Soil Biology and Biochemistry，168：108619.

Fernández-Ugalde O，Gartzia-Bengoetxea N，Arostegi J，et al.，2017. Storage and stability of biochar-derived carbon and total organic carbon in relation to minerals in an acid forest soil of the Spanish Atlantic Area. Science of the Total Environment，587-588：204-213.

Grunwald D，Kaiser M，Junker S，et al.，2017. Influence of elevated soil temperature and biochar application on organic matter associated with aggregate-size and density fractions in an arable soil. Agriculture，Ecosystems & Environment，241：79-87.

Guan S，Liu S J，Liu R Y，et al.，2019. Soil organic carbon associated with aggregate-size and density fractions in a Mollisol amended with charred and uncharred maize straw. Journal of Integrative Agriculture，18（7）：1496-1507.

Han L F，Sun K，Yang Y，et al.，2020. Biochar's stability and effect on the content，composition and turnover of soil organic carbon. Geoderma，364：114184.

Jing F Q，Sun Y Q，Liu Y Y，et al.，2022. Interactions between biochar and clay minerals in changing biochar carbon stability. Science of the Total Environment，809：151124.

Kuzyakov Y，Friedel J K，Stahr K，2000. Review of mechanisms and quantification of priming effects. Soil Biology and Biochemistry，32（11-12）：1485-1498.

Li H Y，Ye X X，Geng Z G，et al.，2016. The influence of biochar type on long-term stabilization for Cd and Cu in contaminated paddy soils. Journal of Hazardous Materials，304：40-48.

López-Martín M，González-Vila F J，Knicker H，2018. Distribution of black carbon and black nitrogen in physical soil fractions from soils seven years after an intense forest fire and their role as C sink. Science of the Total Environment，637-638：1187-1196.

Lu L，Yu W T，Wang Y F，et al.，2020. Application of biochar-based materials in environmental remediation：from multi-level structures to specific devices. Biochar，2：1-31.

Luo Y，Durenkamp M，De Nobili M，et al.，2011. Short term soil priming effects and the mineralisation of biochar following its incorporation to soils of different pH. Soil Biology and Biochemistry，43（11）：2304-2314.

Qiu H S，Liu J Y，Hu Y J，et al.，2019. Stabilization of exogenous carbon in soil density fractions is affected by its chemical composition and soil management. Soil and Tillage Research，191：340-343.

Rasul M，Cho J，Shin H S，et al.，2022. Biochar-induced priming effects in soil via modifying the status of soil organic matter and microflora：a review. Science of the Total Environment，805：150304.

Singh B P，Cowie A L，Smernik R J，2012. Biochar carbon stability in a clayey soil as a function of feedstock and pyrolysis temperature. Environmental Science & Technology，46（21）：11770-11778.

Singh N，Abiven S，Maestrini B，et al.，2014. Transformation and stabilization of pyrogenic organic matter in a temperate forest field experiment. Global Change Biology，20（5）：1629-1642.

Wang D J，Zhang W，Zhou D M，2013. Antagonistic effects of humic acid and iron oxyhydroxide grain-coating on biochar nanoparticle transport in saturated sand. Environmental Science & Technology，47（10）：5154-5161.

Weng Z H，Van Zwieten L，Singh B P，et al.，2015. Plant-biochar interactions drive the negative priming of soil organic carbon in an annual ryegrass field system. Soil Biology and Biochemistry，90：111-121.

Yamashita T，Flessa H，John B，et al.，2006. Organic matter in density fractions of water-stable aggregates in silty soils：effect of land use. Soil Biology and Biochemistry，38（11）：3222-3234.

Yang F，Zhao L，Gao B，et al.，2016. The interfacial behavior between biochar and soil minerals and its effect on biochar stability. Environmental Science & Technology，50（5）：2264-2271.

Yang F，Xu Z B，Yu L，et al.，2018. Kaolinite enhances the stability of the dissolvable and undissolvable fractions of biochar via different mechanisms. Environmental Science & Technology，52（15）：8321-8329.

Yeasmin S，Singh B，Smernik R J，et al.，2020. Effect of land use on organic matter composition in density fractions of contrasting soils：a comparative study using ^{13}C NMR and DRIFT spectroscopy. Science of the Total Environment，726：138395.

Yin D X，Wang X，Chen C，et al.，2016. Varying effect of biochar on Cd，Pb and As mobility in a multi-metal contaminated paddy soil. Chemosphere，152：196-206.

Zimmerman A R，Gao B，Ahn M Y，2011. Positive and negative carbon mineralization priming effects among a variety of biochar-amended soils. Soil Biology and Biochemistry，43（6）：1169-1179.

第8章　经济橡胶林置换热带雨林植被下土壤有机质周转

8.1　引　　言

自然生态系统向经济农业系统的大规模转变可导致土壤退化、生态系统变得脆弱以及当地气候发生变化（Zhang et al., 2001）。西双版纳热带雨林是中国生物多样性最丰富的地区之一，和南边的印度、缅甸、老挝等地区一起构成了印缅生物多样性热点地区（Myers et al., 2000）。过去西双版纳农业生产活动中的滥砍滥伐造成了生态环境问题。当地通过种植单一的经济橡胶作为重要经济基础来源（Yi et al., 2014a, 2014b）。然而，这种植模式已经对生态系统的生物多样性和土壤质量构成了严重威胁（Ziegler et al., 2009）。因此，理解经济橡胶林置换热带雨林植被下土壤有机碳的变化是评价碳循环的重要前提，这一研究将为天然林的保护和重新造林提供重要的基础信息。

本章基于生物分子标志物(如游离态脂等)识别经济橡胶林置换热带雨林植被下 SOM 的来源和降解程度。游离态脂是其重要的组成部分，目前的研究主要集中在游离态脂的相关信息上。游离态脂并不溶于水，但可溶于有机溶剂，包括正脂肪酸、正脂肪醇、羟基酸、酮、类固醇、酰基甘油和碳氢化合物，以及磷脂和脂多糖等（Parsons, 1983）。尽管土壤中有机溶剂提取的游离态脂往往低于 SOM 的 10%，但它们是最难降解的部分（Dinel et al., 1990）。游离态脂很容易从土壤中分离出来而不产生变化，所以它们是描述不同生态系统最准确的指标（Almendros et al., 1996）。除了脂质，木质素也是常用的分子生物标志物。木质素是陆生植物残体中仅次于纤维素的第二组分，是 SOM 中芳香族组成的主要来源，控制着 SOM 的碳汇及更替周期。木质素主要分为三大类：对羟基苯木质素（C）、紫丁香基木质素（S）及愈创木基木质素（V）。被子植物木本组织中以愈创木基木质素和紫丁香基木质素为主；裸子植物以愈创木基木质素为主，而不含紫丁香基木质素；草本及落叶不仅包含前面两者木质素单体还包含丰富的对羟基苯木质素。因此，紫丁香基木质素可以很好地区分裸子植物和被子植物，而对羟基苯单体可以用来区分木本和非木本组织。正因为木质素在植物中存在这种特殊的基本结构，20 世纪 80 年代，研究者就开始通过 CuO 氧化水解法将木质素分解成其基本单元体，利用这些单元体的比值及含量示踪 SOM 中木质素的来源及降解，因此木质素可以作为示踪陆源生态系统中植被来源及降解的生物标志物之一。

本书选取西双版纳典型的经济作物橡胶林置换热带雨林作为研究对象。采集种植 0 年、10 年、60 年经济橡胶林土壤对应的背景土样，基于第 6 章中活性矿物会阻碍游离态脂的萃取的研究结论，利用酸处理后的游离态脂和木质素信息识别 SOM 的来源与周转。

8.2　研究方法及实验方案

8.2.1　实验收集和准备

在对西双版纳橡胶种植区进行仔细的调查后，选择一个植被记录清晰的采样区。该地区的原生植被为竹子，混合有少量阔叶植物和草，不受到人类活动的干扰。该地区在不同时期被砍伐并建成橡胶树种植园。2015 年我们采集了同一地区不同种植园的土壤样本，分别包括种植 10 年和 60 年的原生植物竹子和橡胶树。在去除顶部的凋落物层后，在 0～20cm（S）、20～40cm（Z）和 40～60cm（X）三个不同深度采集土壤样品。对所有样品均进行冻干、磨碎和过 60 目筛。人工挑出可见的植物残留物，并将土壤颗粒与水按照 1：2.5 的比例混合，测定土壤的 pH。为了去除活性矿物，所有的土壤样品都按照 Li 等（2015）的方法进行预处理。本书研究采用较为温和的酸处理，以尽量减少 SOM 化学结构的变化，将 100g 土壤放在含有 10%氢氟酸（HF）和 1mol/L 盐酸（HCl）的 400mL 酸混合物中摇匀 2h。然后在 1600 g 离心力条件下离心 30min，取出上清液。这个过程重复 7 次，根据我们的初步预测，这能确保去除其中的活性矿物。剩下的残留物用去离子水洗涤数次直到检测不到 Cl^-，然后进行冻干。

8.2.2　分子生物标志物分析

所有样品通过有机溶剂和碱性 CuO 水解法萃取对应的游离态脂和木质素酚类产物（Li et al.，2015；Otto et al.，2005）。称取 20g 土壤样品于三角玻璃瓶中，并加入 30mL 色谱纯二氯甲烷，在 520W 功率的水浴超声机中超声 15min。超声完成后，混合液在 2500r/min 的转速下离心 30min。将上清液过玻璃纤维膜（Whatman GF/A，1.6μm），并收集滤液。剩余固体再次加入 30mL 的二氯甲烷和甲醇的混合溶剂（二氯甲烷和甲醇的体积比为 1：1），同样进行 15min 超声萃取。再离心、过滤，并收集滤液。最后将剩余固体加入 30mL 甲醇溶剂超声萃取，操作步骤与前面操作相同。把三次的滤液合并收集于圆底烧瓶中，并用旋转蒸发仪（Hei-VAP advantage ML/HB/G3，德国）旋转并浓缩滤液，将浓缩液洗涤转移到 15mL 已知质量的瓶子中。最后用氮吹仪完全吹干样品，称重并保存于–20℃。萃取后剩余土壤样品风干，收集用于下一步 CuO 氧化水解。

称取 2g 的剩余固体于高压反应釜中，同时加入 1g 预先用二氯甲烷萃取过的氧化铜（CuO）粉末、100mg 六水合硫酸铵亚铁[Fe(NH$_4$)$_2$·(SO$_4$)$_2$·6H$_2$O]和 15mL 的 2mol/L NaOH 溶液。随后，向反应釜中通入一段时间氮气，并迅速盖上盖子，放于 170℃烘箱中反应 4.5h。反应完成后，让反应釜自然冷却，将反应釜中的液体倒入 50mL 离心管中，剩余固体每次加入 10mL 去离子水进行磁力搅拌 10min 后，将液体再次倒入离心管中。以上步骤再重复一次，将第二次液体倒入移液管中。将装有液体的离心管放于离心机中，并在 2500r/min 的转速下离心 30min。将上清液倒入新的离心管中，用锡箔纸包好避光，并用 6mol/L HCl 调至 pH 约为 1。静止放于暗处 1h，避免肉桂酸反应并保证胡敏酸沉淀完全。

1h 后，将离心管放于同样转速的离心机中进行离心分离。将上清液倒入分液漏斗中，用乙醚进行液液萃取。重复两次萃取，将两次萃取液混合，并进行旋转蒸发，氮气吹干，称重，保存好。

　　游离态脂和木质素生物标志物在测定前，游离态脂和木质素的萃取物需进行硅烷试剂衍生化，衍生化方法：将氮气吹干的萃取物称重后，再溶于色谱纯级的二氯甲烷和甲醇（二氯甲烷和甲醇的体积比为 1∶1）。取 100μL 溶液移入气相小瓶中，氮气吹干后，加入 90μL 双（三甲基甲硅烷基）三氟乙酰胺（BSTFA）和 10μL 吡啶后，立刻拧紧盖子，随后放入 70℃烘箱 3h 反应。待反应后，冷却至室温，再加入正己烷进行稀释，这些衍生化合物通过 GC-MS 进行测定分析。

8.2.3　数据分析

　　由每个样本的重复实验计算出每个样本的平均值和标准差。酸处理前后的脂类化合物（正脂肪酸、正烷烃）数据之间的差异性采用统计软件 SPSS（IBM Corporation，美国）22.0 版本的独立样本 t 检验进行分析比较。

8.3　酸处理前后土壤性质表征分析

　　如表 8.1 所示，酸处理前后土壤颗粒的物理化学性质，元素分析结果表明，土地利用变化后的土壤中的碳含量无明显差异，并且 C/N 也是如此。碳含量随着土壤深度的减小而减小。然而橡胶树的种植增加了总溶剂提取物（total solvent extract，TSE）的含量，特别是在碳含量标准化后，表层土的碳和 TSE 含量始终高于深层土壤。

表 8.1　不同土壤类型在酸处理前后的元素分析及提取量

	样本	C/%	SD	N/%	SD	C/N^a	SD	TSE/C/ (mg/g)	SD	TSE/O/ (mg/g)	SD	TSE/S/ (mg/g)	SD	ML/ %	MC/ %	F_C	F_N
	0-S	2.31	0.19	0.20	0.04	13.8	1.41	10.6	0.02	0.25	0	0.25	0	53.5	29.4	1.52	1.58
	0-Z	1.68	0	0.19	0.01	10.2	0.61	6.79	0.51	0.11	0.01	0.11	0.01	58.5	52.2	1.15	1.02
	0-X	1.12	0.08	0.20	0.02	6.71	0.62	4.93	1.10	0.06	0	0.06	0.01	55.3	42.2	1.29	0.84
	10-S	1.93	0.02	0.17	0.02	13.2	1.18	13.7	1.12	0.27	0.02	0.27	0.02	50.5	32.2	1.37	1.41
酸处理前	10-Z	1.70	0.08	0.12	0	16.8	0.62	13.7	0.62	0.23	0	0.23	0.01	54.7	39.6	1.31	1.66
	10-X	1.25	0.05	0.14	0.03	10.4	2.28	10.6	0.28	0.13	0	0.13	0	55.1	47.1	1.18	1.07
	60-S	2.58	0.07	0.21	0.04	14.3	3.05	20.7	2.63	0.54	0.07	0.54	0.07	46.6	34.8	1.22	1.19
	60-Z	1.48	0	0.25	0.01	6.78	0.27	12.0	0.05	0.18	0	0.18	0	45.0	40.6	1.08	0.73
	60-X	1.05	0.05	0.15	0.03	8.17	1.50	13.0	0.37	0.14	0	0.14	0	44.8	36.3	1.15	1.20
酸处理后	A0-S	3.51	0.26	0.31	0.02	13.3	0.18	53.6	2.92	0.87	0.10	1.88	0.05				
	A0-Z	1.93	0.09	0.19	0.01	11.6	0.17	48.9	0.88	0.39	0.02	0.94	0.01				

续表

样本	C/%	SD	N/%	SD	C/N[a]	SD	TSE/C/(mg/g)	SD	TSE/O/(mg/g)	SD	TSE/S/(mg/g)	SD	ML/%	MC/%	F_C	F_N
A0-X	1.45	0.06	0.16	0.01	10.3	0.34	40.4	3.17	0.26	0.05	0.59	0.02				
A10-S	2.64	0.22	0.24	0.01	12.8	0.46	22.4	2.52	0.29	0.07	0.59	0.03				
A10-Z	2.22	0.12	0.20	0.01	13.2	1.05	20.8	1.50	0.21	0.03	0.46	0.02				
A10-X	1.47	0	0.15	0.01	11.4	0.63	19.6	2.55	0.13	0.04	0.29	0.02				
A60-S	3.15	0.41	0.25	0.08	14.7	3.06	46.1	4.63	0.78	0.15	1.45	0.08				
A60-Z	1.60	0.05	0.19	0.01	10.0	0.34	36.8	4.34	0.32	0.07	0.46	0.04				
A60-X	1.21	0.15	0.18	0.02	7.8	0.17	33.1	2.33	0.22	0.03	0.40	0.02				

（左侧行标：酸处理后）

注：C/N[a] 中 a 表示原子比；TSE/C 为基于碳含量的总溶剂提取物（mg·g[-1]）；TSE/O 为总溶剂提取物（mg·g[-1]）；TSE/S 为总溶剂萃取物（mg·g[-1]）；ML 为酸处理后的土壤颗粒质量损失；MC 为酸处理后的土壤碳损失（基于原土质量）；F_C 和 F_N 分别是 C 和 N 浓度的富集因子。第一列中-S 为 0～20cm 深度；-Z 为 20～40cm 深度；-X 为 40～60cm 深度；前缀 0、10、60 是橡胶树种植年限；SD 为标准差；A 为酸处理后。所有数据均为平均值。

　　在酸处理后，活性矿物的去除导致 50%的质量损失（表 8.1 中的 ML），其中大部分损失归因于矿物损耗。根据 X 射线衍射（X-ray diffraction，XRD）分析结果（图 8.1），在原始土壤样品中检测到石英、高岭石和白云母等矿物。经酸处理后，高岭石被完全去除，其他矿物也相应减少。

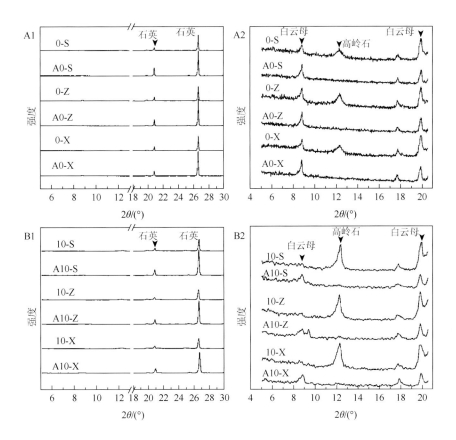

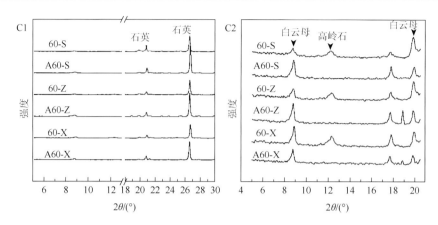

图 8.1　酸处理前后土壤矿物组分的 XRD 分析

由第 6 章可知，酸处理后的 TOC 损失了 29.4%～52.2%，这是由于去除活性矿物质释放了强亲水性有机化合物。然而，经过酸处理后，TSE 的浓度增加了，甚至基于原始质量标准化后仍然较高，说明酸处理提高了 TSE 的溶剂萃取率。

8.4　游离态脂分子生物标志物示踪土壤有机质的更替

不同年代种植的橡胶林土壤样品中脂肪酸在 C14～C32 碳数范围内均呈现出明显的偶数碳占优势分布（图 8.2）。天然橡胶林置换初期与热带雨林有相似的脂肪酸分布特征，其原因可能在于置换前原土植被信息的保存，或者是天然橡胶林置换后的新输入及原土植被。20 世纪 60 年代种植的橡胶林表层土中脂肪酸的含量远高于原土表层，表明天然橡胶林置换后新的植被输入对土壤中脂肪酸的含量有很大贡献。为了更好地解释这一现象，对原土的主要植被组织——竹子新叶和橡胶林植被下的橡胶叶及橡胶林中一些蕨草进行有机溶剂萃取，分析植物组织中的游离态脂信息（图 8.3）。橡胶叶和竹子叶中的脂肪酸均以 C16 和 C18 为主，且橡胶叶中的脂肪酸含量明显高于竹子叶，特别是 C16 和 C18 脂肪酸。此外，在植物组织中还检测到大量的不饱和 C18 脂肪酸（C18∶1、C18∶2 和 C18∶3），但 C18∶2 和 C18∶3 脂肪酸在土壤中含量较少，此结果与以前研究报道一致（Nierop et al.，2005），主要归因于不饱和脂肪酸易被优先降解。

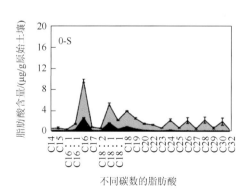
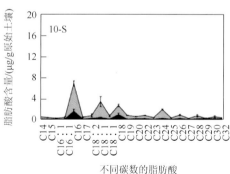

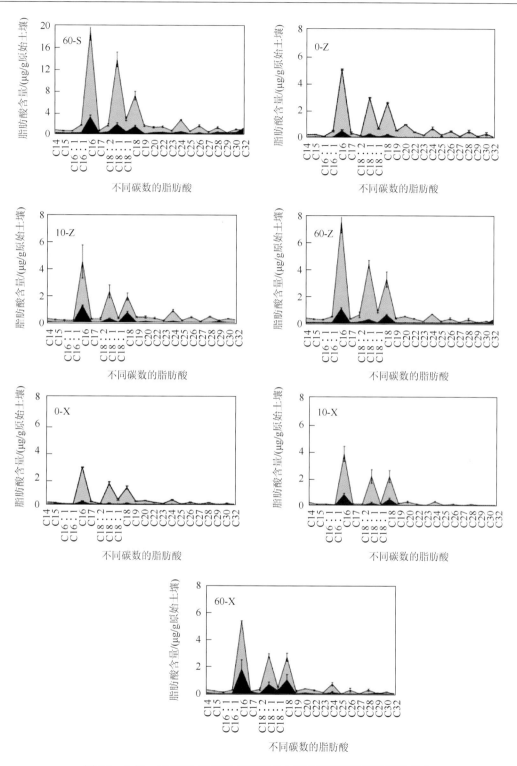

图 8.2　0 年、10 年和 60 年种植橡胶林土壤中不同碳数脂肪酸的分布

脂肪醇和烷烃在植物组织中很少被检测到，它们的分布与土壤中检测到的并不能很好匹配。例如，在土壤中检测到很多不同偶数碳的脂肪醇分子，而在植物组织中仅仅在新鲜竹叶中检测到 C28 和 C30（图 8.3）。有研究报道，土壤中游离态脂肪醇可能来源于蜡酯的水解（Nierop et al., 2005）。此外，除了植物组织叶以外，其他组织也可能对其有贡献。因此，本书研究避免将植物和土壤中的脂肪醇、烷烃相关联。

如表 6.2 所示，经济橡胶林置换后烷烃的 CPI（CPI_{ALK}）减小，表明人为影响促进了游离态脂的降解。脂肪酸的 RLS（RLS_{AF}）与以上参数相反，原因可能是前文提到的橡胶叶较竹叶具有更高的脂肪酸含量。随着土壤深度的增加，CPI_{AF} 增大，RLS_{AF} 减小，表明深层土壤中有限的微生物活动及缺氧条件有利于保存游离态脂。

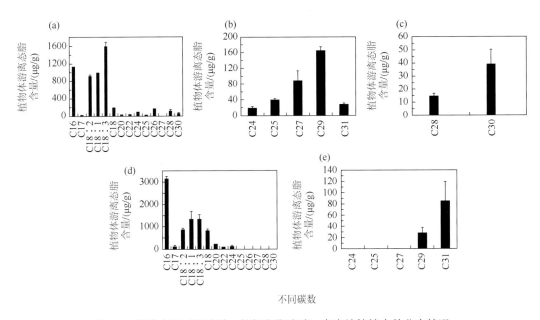

图 8.3　游离态脂（脂肪酸、烷烃和脂肪醇）在当地植被中的分布情况

（a），（b），（c）分别代表竹叶游离态脂中的脂肪酸、烷烃和脂肪醇；（d），（e）分别代表橡胶叶游离态脂的脂肪酸和烷烃

8.5　木质素分子生物标志物示踪土壤有机质的更替

酸处理后，V、S 和 C 单元体在 0 年和 60 年表层土壤中有明显的降低，但是在 10 年土壤中，各单元体含量不变（图 8.4）。这可能是由于在橡胶林更替原始植被的初始阶段（10 年），人为活动破坏了土壤团聚体及矿物与 OM 的相互作用；长时间种植橡胶林后，SOM 含量增多并逐渐恢复到原始土壤的 OM 含量水平，土壤团聚体及矿物与 OM 的相互作用增强。相对于表层土壤而言，深层土壤受人为影响较小，因此，酸处理下三个时期土壤中矿物对木质素酚的影响程度相近。除了 10 年表层土壤中 VSC 不受影响外，其他土层均在酸处理后，木质素酚含量减少了 60%左右。结果说明，有机无机复合体的形成是木质素在土壤中稳定的重要机理。

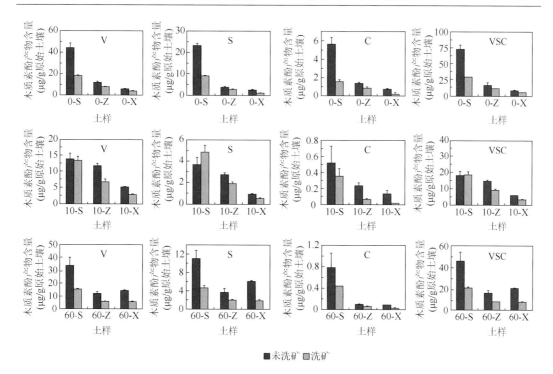

■未洗矿　□洗矿

图 8.4　10 年和 60 年种植橡胶林土层木质素酚产物含量

　　酸处理对木质素酚单体的比值（S/V 和 C/V）影响不大（图 8.5），表明矿物对 S、V 和 C 单体并没有明显的选择性保护。从木质素的降解参数可以观察到（图 8.6），酸处理主要影响的是 V 和 S 单体的（Ad/Al）。酸处理之后，除了 10 年种植橡胶林的土壤上层中 $(Ad/Al)_S$ 减小外，其他土层 $(Ad/Al)_S$ 均有明显的增加，表明木质素的侧链氧化程度增加。这进一步证明了木质素受矿物影响，特别是氧化程度较高的木质素受矿物保护作用更强。此外，酸处理后增加的 P/（V + S）也可以得出相同的结论。

　　在种植橡胶林后，VSC 较置换前有一定的减少，特别是种植年限短的 10 年橡胶林土壤中 VSC 最低（图 8.4）。这表明初期植被置换时，橡胶树较小，导致输入量减少。此外，随着土壤深度的增加，木质素含量逐渐减少。然而，研究发现随着土壤深度的增加，S/V 和 C/V 并没有明显的改变（图 8.5），表明深层土壤中的木质素来源和表层土壤中的植被来源一致，深层土壤中的木质素来源可能是表层土壤中木质素的纵向迁移。

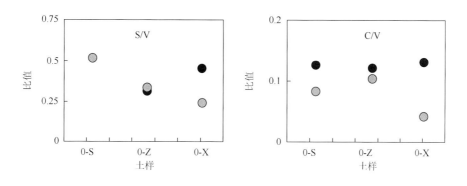

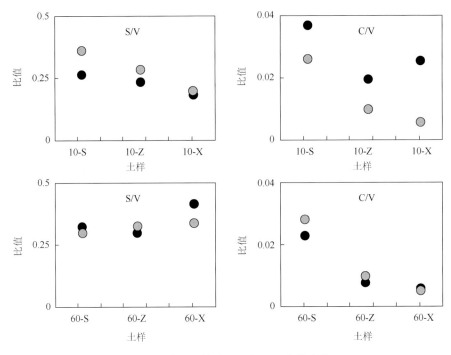

图 8.5 酸处理前后 S/V 和 C/V 值的变化

土壤中 S/V 的范围普遍在 0.25～0.5（图 8.5），而当地植被竹叶和橡胶叶中 S/V 高于 0.5，特别是新鲜竹叶可达到 2 左右，这显然与前述土壤中木质素来源于竹叶的猜想有一定矛盾的地方。考虑到当地植被类型比较单一，无其他外源有机质来源，且在种植橡胶林后，普遍施加化肥，加上西双版纳常年气温高，导致木质素在土壤中发生了一定程度的降解，因此土壤中 S/V 值较低。原始土壤和对应的植被竹叶中 C/V 的较大差异也可以说明木质素在土壤中发生了降解，且相对 V 而言，土壤中 S 和 C 被优先降解。这一假设可由木质素的降解参数$(Ad/Al)_V$和$(Ad/Al)_S$进一步证实（图 8.6）。土壤中$(Ad/Al)_V$和$(Ad/Al)_S$均高于 0.8，而新鲜植被中的这些比值主要在 0.32～0.75。此外，橡胶叶中 C/V 低于 0.2，远小于新鲜竹叶中 C/V。在早期文献中也发现，一些单子叶植被中 C 单体的含量高于双子叶中 C 单体的含量（于灏等，2007）。因此，本书研究的结果也进一步证实了该结论。同时研究还发现，蕨类植被中 S/V 和 C/V 均低于 0.05，表明蕨类植被中主要含 V 单体。

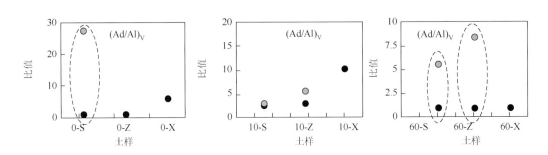

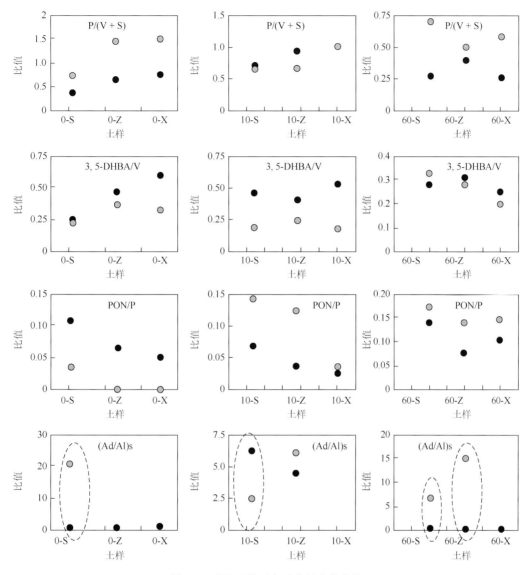

图 8.6 酸处理前后木质素的参数变化

8.6 本 章 小 结

本章主要分析了不同种植时间经济橡胶林植被置换下游离态脂和木质素分子标志物的含量、分布变化,从而探究 SOM 的周转。研究结果发现,种植橡胶林后,游离态脂的含量随着种植年限的增加先减小后增大。从脂肪酸含量的变化可知,60 年种植橡胶林土壤中脂肪酸含量高于原始土壤,主要归因于橡胶叶中大量脂肪酸的输入。从当地植被和土壤脂肪醇和烷烃的分布可以看出,橡胶林中脂肪醇和烷烃极可能是原始土壤中保留下来的。随着橡胶林置换后,CPI_{ALK} 降低,表明橡胶林的置换加速了原始 OM 的降解。土壤中 VSC 减少,表明植被置换加速了木质素的降解。植被中 S/V 和 C/V 远高于对应土壤中的比值，且木质素的降解参数远高于对应植被中的值，表明木质素进入土壤后发生了显著的降解。随着土壤深度的增加，游离态脂和木质素的含量减少，但从降解参数明显看出，深层土壤有利于 OM 的保存。深层土壤和表层土壤中 S/V 和 C/V 很相近，表明深层土壤和表层土壤中木质素的来源一致。因此，深层土壤中游离态脂和木质素的含量减少主要由于深层土壤相对表层土壤来源较少。

参 考 文 献

于灏，吴莹，张经，等，2007. 长江流域植物和土壤的木质素特征. 环境科学学报，27（5）：817-823.

Almendros G，Sanz J，Velasco F，1996. Signatures of lipid assemblages in soils under continental Mediterranean forests. European Journal of Soil Science，47（2）：183-196.

Dinel H，Schnitzer M，Mehuys G R，1990. Soil lipids: origin，nature，content，decomposition，and effect on soil physical properties. Soil Biochemistry，6：397-429.

Li F F，Pan B，Zhang D，et al.，2015. Organic matter source and degradation as revealed by molecular biomarkers in agricultural soils of Yuanyang Terrace. Scientific Reports，5：11074.

Myers N，Mittermeier R A，Mittermeier C G，et al.，2000. Biodiversity hotspots for conservation priorities. Nature，403（6772）：853-858.

Nierop K G J，Naafs D F W，van Bergen P F，2005. Origin，occurrence and fate of extractable lipids in Dutch coastal dune soils along a pH gradient. Organic Geochemistry，36（4）：555-566.

Otto A，Shunthirasingham C，Simpson M J，2005. A comparison of plant and microbial biomarkers in grassland soils from the Prairie Ecozone of Canada. Organic Geochemistry，36（3）：425-448.

Parsons J W，1983. Humus chemistry: genesis，composition，reactions. Soil Science，135（2）：129-130.

Yi Z F，Cannon C H，Chen J，et al.，2014a. Developing indicators of economic value and biodiversity loss for rubber plantations in Xishuangbanna，southwest China: a case study from Menglun township. Ecological Indicators，36：788-797.

Yi Z F，Wong G，Cannon C H，et al.，2014b. Can carbon-trading schemes help to protect China's most diverse forest ecosystems? A case study from Xishuangbanna，Yunnan. Land Use Policy，38：646-656.

Zhang H，Henderson-Sellers A，McGuffie K，2001. The compounding effects of tropical deforestation and greenhouse warming on climate. Climatic Change，49（3）：309-338.

Ziegler A D，Fox J M，Xu J C，2009. The rubber juggernaut. Science，324（5930）：1024-1025.

第9章　不同耕作模式下元阳梯田土壤有机质周转

9.1　引　　言

元阳梯田位于中国云南省红河州元阳县，这一地区以保护独特的梯田农业景观而闻名。元阳梯田已形成上千年，亚热带山地季风气候促进了该地区 SOM 的活跃行为。在本书中，游离态脂和木质素生物标志物被广泛用于分析不同耕作模式（旱地和水田）下 SOM 的周转动态。其中，为了更加准确地描述 SOM 的周转动态，采用活性矿物去除后的游离态脂信息对 SOM 的周转动态进行分析。通过比较耕作前后生物标志物的分布特征及降解参数变化，分析典型元阳梯田不同耕作模式下 SOM 的来源及周转动态。

9.2　研　究　方　法

9.2.1　实验收集和准备

采集中国云南省红河州元阳梯田表层土壤（0～20cm），分别为人为干扰土壤（旱地标记为 TD，水田标记为 TP）和未受人为干扰的自然土壤（NS）。TD 主要种植玉米，TP 主要种植水稻，耕作年代均有 50 多年。样品采集时将植物残体手动移除，然后对土壤样品进行风干，过 60 目筛（0.25mm）备用。

9.2.2　分子生物标志物分析

具体方法参照 8.2.2 小节。

9.2.3　无定形铁（Fe_o）和游离态铁（Fe_d）含量测定

Fe_o 代表无定形铁，Fe_d 代表游离态铁。本书实验采用连二亚硫酸钠-柠檬酸钠提取法和草酸铵缓冲液提取法分别提取游离态铁和无定形铁（Spielvogel et al., 2008）。称取 2g 土壤置于三角瓶中，加入 100mL 0.2mol/L 草酸铵溶液（0.2mol/L 草酸铵和 0.12mol/L 的草酸）（pH 为 3.0～3.2），加塞，包好以便避光。以 110r/min 速度振荡 2h 后，立即倾入离心管分离（以 4000r/min 速度离心 30min），将澄清液倾入三角瓶中加塞备用获得无定形铁。称 0.5g 土壤样品，置于 50mL 离心管中，加 10mL 柠檬酸钠缓冲液，再加 0.5g 连二亚硫酸钠，加塞，放于 50℃水浴中，样品颜色褪至灰白再维持 10min，冷却后，对混合物进行离心分离（以 4000r/min 速度离心 30min），获得游离态铁。

将滤液按一定比例稀释后，利用 ICP-MS（NexION 350x，ICP-MS Spectrometer，美国）仪器测定酸洗前后 Fe_o 和 Fe_d 含量。

9.2.4　土壤样品的元素分析和矿物组分表征

本书采用有机元素分析仪（vario MICRO cubeElementar，德国）测定酸洗前后土壤碳含量，XRD 分析仪（D/max-2200 diffractometer，日本）测定酸洗前后矿物组分。测定前将土壤样品研磨过 300 目筛，并采用压片法制样。以 Cu Ka 射线（$k = 0.154055nm$）为射线源，操作电压和电流分别为 40kV 和 30mA。设置 2θ 的扫描范围为 5°～30°，扫描步长为 0.02，扫描速度为 5°/min。利用激光粒度分析仪（Mastersizer 2000，美国）测定土壤样品的粒径分布。

利用统计学软件 SPSS（Version 22.0，美国）中的单因素分析（one-way ANOVA）或者独立 t 检验分析自然土壤和耕作土壤中游离态脂和木质素酚产物的差异性。

9.3　耕作前后土壤理化性质的变化

耕作前后土壤颗粒的物理化学性质如表 9.1 所示。人为耕作下 TD 和 TP 土壤的碳含量约比 NS 土壤高 3 倍。人类活动如犁地或农家肥的施用会引入大量的新鲜 OM 进入土壤，这个过程是导致 TD 和 TP 土壤有机碳增加的主要原因。而且 TD 和 TP 的有机碳含量相近。XRD 分析仪显示了原始土壤中主要的矿物组分，如石英和白云母，以及部分水黑云母和高岭石（图 9.1），其中 TD 和 TP 中还检测到了很少的蒙脱石含量。根据 ICP-MS 测定结果，TD 和 TP 中的 Fe_o 含量约为 NS 土壤中的 2 倍，而 Fe_d 含量呈现相反的趋势。这一结果表明，人为耕作的土壤含有更多的铁铝活性矿物，这些矿物具有更大的比表面积，对 SOM 稳定具有重要作用。

表 9.1　酸处理前后的土壤碳含量及质量损失

样品	C/%	C^b/% L_{OM}	C^b/% L_{NR}	Fe_o /(g/kg)	Fe_d /(g/kg)	$\Delta Mass^c$/%	ΔOC^d/%	$Mass^e$/% L_{OM}	$Mass^e$/% L_{NR}
NS	0.45^a			4.32±0.03	40.6±3.1	65.7	68.5		
TD	1.94^a			8.67±0.3	18.0±0.8	62.2	46.8		
TP	1.93^a			8.15±0.3	19.5±5.9	63.4	29.8		
A-NS	0.41	0.83	0.18	0.07±0.01	143.1±3.1			35.4	64.6
A-TD	2.72	9.49	0.44	0.19±0.02	220.1±7.1			25.4	74.6
A-TP	3.70	12.28	0.38	0.09±0.03	165.1±2.7			27.7	72.3

注：L_{OM} 表示酸处理后富含有机层；L_{NR} 表示酸处理后非活性矿物层；A 表示酸处理后；a 表示数据来源于 Li 等（2015）；b 表示酸处理后上下层有机碳的含量；c 表示酸处理前后质量损失比例；d 表示酸处理前后总有机碳的损失比例；e 表示上下层酸处理前后质量损失比例。

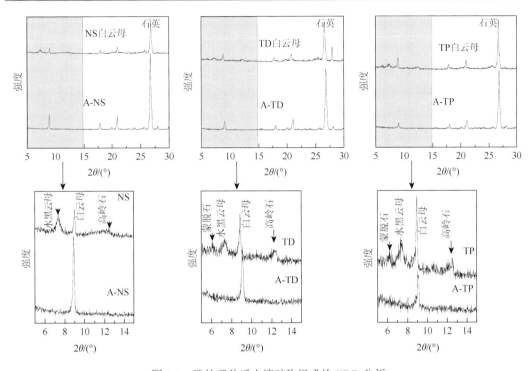

图 9.1　酸处理前后土壤矿物组成的 XRD 分析

注：NS 表示自然土壤；TD 表示旱地；TP 表示水田；A-NS 表示酸处理-自然土壤；A-TD 表示酸处理-旱地；A-TP 表示酸处理-水田。

9.4　游离态脂生物标志物识别耕作前后 SOM 周转

人为耕作后游离态脂含量随着有机碳含量的增加而增加（图 9.2）。其中脂肪酸是游离态脂的主要成分，在所有土壤中占总游离态脂的 70% 左右（图 9.2）。以前研究报道，脂肪酸易于在酸性土壤中积累，而烷烃更易在偏碱性条件下保存，这主要与微生物的活性有密切关系（Thevenot et al.，2010；Bull et al.，2000）。酸性、干燥条件会降低微生物活动，使得脂肪酸不易被降解。而云南红壤普遍偏酸性，本书中的土壤 pH 普遍在 3.5～5.5。因此，脂肪酸是土壤游离态脂主要的成分。

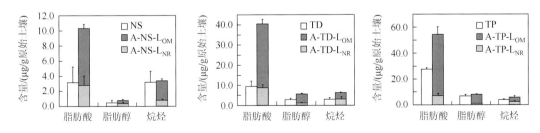

图 9.2　酸处理前后脂肪酸、脂肪醇和烷烃的基于原始土壤质量标准化含量

注：A-NS-L_{OM} 表示自然土壤酸处理后上层富含有机质层；A-NS-L_{NR} 表示自然土壤酸处理后下层非活性矿物层；A-TD-L_{OM} 表示旱地酸处理后上层富含有机质层；A-TD-L_{NR} 表示旱地酸处理后下层非活性矿物层；A-TP-L_{OM} 表示水田酸处理后上层富含有机质层；A-TP-L_{NR} 表示水田酸处理后下层非活性矿物层。

与经济橡胶林的土壤中脂肪酸的分布类似，酸处理后的脂肪酸同样在 C12～C32 之间呈现偶数碳优势，且主要以 C16 和 C18 为主峰（图9.3）。一方面，这也进一步证明脂肪

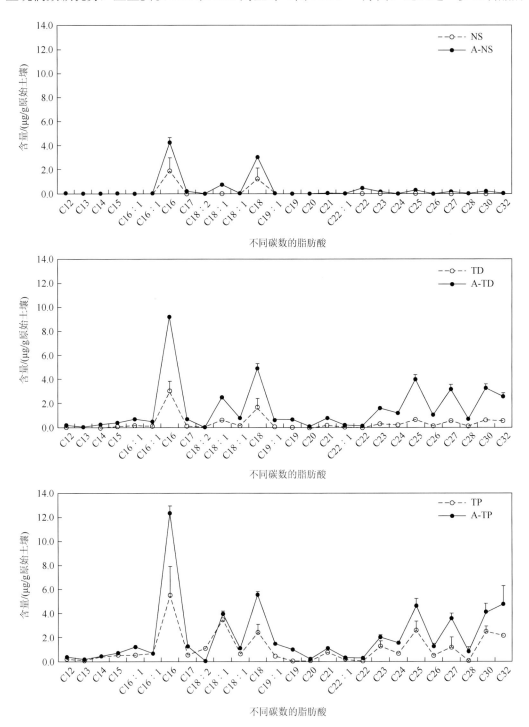

图 9.3　酸处理前后土壤中不同碳数的脂肪酸分布

酸的来源主要是高等植被；另一方面，这个结果也揭示了不同高等植被类型覆盖下的脂肪酸的分布比较相近，表明脂肪酸的分布比较难区分不同类型的植被来源。因此，脂肪酸的分布和组成主要用来对微生物和高等植被的来源进行定性研究，其中来源于微生物的带支链的脂肪酸不到 8%。此外，呈偶数优势分布特征的长链脂肪醇和呈奇数优势分布特征的长链烷烃均进一步说明了游离态脂主要来源于高等植物叶蜡（图 9.4）。

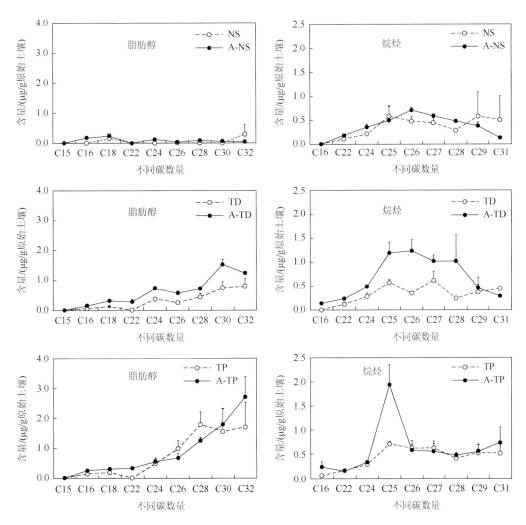

图 9.4 酸处理前后土壤中不同碳数的脂肪醇、烷烃分布

从游离态脂的降解参数可以看出，相对于未耕作的背景土 NS，人为活动耕作土壤 TD 和 TP 的 CPI_{AF} 值分别为 0.97 和 1.16，其值均低于 NS（1.2），表明耕作土壤中脂具有更高的降解程度。此外，水田 TP 的 CPI_{AF} 值高于旱地 TD，是因为 TP 中脂在缺氧条件下不易被氧化。对于 CPI_{ALK}，我们观察到在 TP 中，其值明显高于 NS 和 TD。这是因为在缺氧的环境下，烷烃不易被氧化，保持较强的奇数碳优势分布特征。相对

TD 土壤，TP 具有更低的 RLS 和平均碳长度（averaged carbon length，ACL）值，更高的 CPI 值，表明相对于旱地耕作模式，水田模式更加有利于游离态脂的保存。

9.5　木质素生物标志物识别耕作前后 SOM 周转

与游离态脂的增加一致，耕作后木质素的含量增加（图 9.5）。耕作后 VSC 相比未耕作背景土 NS 增加了二十多倍（TD 和 TP 中 VSC 超过 300μg/g；NS 中 VSC 约为 12μg/g）。如图 9.6 所示，TD 和 TP 的 S/V 远高于 0.8，而 NS 中 S/V 仅为 0.23，表明农耕土壤中木质素的来源主要是被子植被，背景土中 NS 的主要来源是裸子植被，这与当地植被松林类型是一致的；相似地，TD 和 TP 的 C/V 为 0.1，高于 NS 中 C/V（低于 0.02），表明 C 单体可能来源于农耕土壤中的水稻或玉米秸秆残留物。TP 中(Ad/Al)$_V$ 约为 0.8，相较于 TD 和 NS 更低，说明 TP 中木质素具有更低的降解程度，这一结果表明，水田耕作模式有利于木质素的保存。结合游离态脂和木质素生物标志物的信息可知，相对旱地而言，水田模式下水化学条件有利于 SOM 的保存，主要归因于两个方面：①水田的还原条件会抑制 SOM 的氧化；②在强紫外光照地区，旱地 SOM 更容易受到光降解的影响。

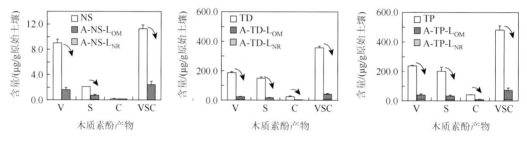

图 9.5　洗矿前后基于原始质量浓度的木质素酚产物含量

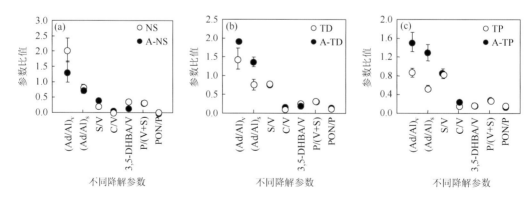

图 9.6　土壤酸处理前后木质素的降解参数组分

注：(Ad/Al)$_V$ 表示香草酸与香草醛的比值；(Ad/Al)$_S$ 表示丁香酸与丁香醛的比值；S/V 表示紫丁香基单体/愈创木基单体；C/V 表示对羟基肉桂基单体/愈创木基单体；P/(V＋S)表示对羟基苯酚与（愈创木基单体＋紫丁香基单体）的比值；3,5-DHBA/V 表示 3,5 二羟基苯甲酸与愈创木基单体的比值；PON/P 表示对羟基苯酮与对羟基苯酚的比值。

9.6　本　章　小　结

元阳梯田因长期施用农家肥等人为活动引入了大量的 OM，使得农耕土壤有机碳含量远高于背景土，也使游离态脂的含量增加。但长期的人为干扰增加了 RLS 和 ACL 的值，表明耕作加速了 SOM 的降解。人为活动引入了更多的被子植物如玉米或水稻秸秆等，也显著增加了耕作土壤中 VSC。总的来说，水田耕作模式更加有利于 SOM 的保存。

参 考 文 献

Bull I D，van Bergen P F，Nott C J，et al.，2000. Organic geochemical studies of soils from the Rothamsted classical experiments—V. the fate of lipids in different long-term experiments. Organic Geochemistry，31（5）：389-408.

Li F F，Pan B，Zhang D，et al.，2015.Organic matter source and degradation as revealed by molecular biomarkers in agricultural soils of Yuanyang terrace. Scientific Reports. 5：1-9.

Patil S V，Argyropoulos D S，2017. Stable organic radicals in lignin：a review. ChemSusChem，10（17）：3284-3303.

Spielvogel S，Prietzel J，Kgel-Knabner I，2008. Soil organic matter stabilization in acidic forest soils is preferential and soil type-specific. European Journal of Soil Science，59（4）：674-692.

Thevenot M，Dignac M F，Rumpel C，2010. Fate of lignins in soils：a review. Soil Biology and Biochemistry，42（8）：1200-1211.

第10章 分子生物标志物揭示有机无机复合体对土壤有机碳的保护

10.1 引　　言

　　土壤有机质的稳定性是目前各领域研究的热点以及难点。其中很多研究已被证实有机无机复合体的形成是控制 SOM 组成周转和稳定的关键过程（Han et al.，2016；Barré et al.，2014；Thevenot et al.，2010）。SOM 成分复杂，如结构不稳定的非稠环有机质包括碳水化合物、蛋白质、脂类和结构稳定的木质素，以及稠环有机质（condensed organic matter，COM）包括煤、干酪根和黑炭等，其在环境中的长期存在时间并不确定。例如，有研究发现，木质素的结构稳定性在 SOM 的长期稳定性贡献中被高估了（Thevenot et al.，2010；Kiem and Kögel-Knabner，2003）；反之，一些易降解组分如糖类可很好地保存在土壤细颗粒中（Cotrufo et al.，2013；Liang and Balser，2008）。以上研究表明，SOM 的周转与稳定不仅与其本身结构有关，还与矿物之间的相互作用有关。同样，矿物也是影响植物残体降解的主要因素。

　　此外，正如前面章节所提到的，活性矿物的去除能够提高有机质（如脂类）的萃取率。换句话说，活性矿物的存在能够促进 OM 的稳定。尽管以往的研究发现矿物对 SOM 具有不同的化学结构选择性吸附保护，比如芳香碳或脂肪碳。然而，关于矿物对不同 SOM 的分子组成保护机制的研究却十分少。有关农耕土壤 SOM 周转的大量研究报道了人为活动（如土地利用变化）能够加速 SOM 的降解，这个过程可能是全球碳循环中大气 CO_2 的潜在来源。例如，自然土壤转化为农耕土壤使 SOM 的周转加快（Fleury et al.，2017；Pisani et al.，2016）。同时，土地利用变化导致有机无机复合体中有机碳减少，这一现象表示环境因素的扰动可能会破坏有机无机复合体（Llorente et al.，2017；Balabane and Plante，2004）。而且，温度的增加也会加速难降解 SOM 组分（如木质素）的降解（Pisani et al.，2016；Feng et al.，2008）。因此，农田土壤中有机无机复合体的形成可能是亚热带 SOM 稳定的关键。然而，人类活动影响 SOM 不同组分和矿物间的作用机制研究仍不清晰。

　　此外，随着生物炭在农田土壤中的广泛应用，以及全球气候变暖导致火灾频繁，也产生大量不完全燃烧的碳（即火成碳）进入土壤。生物炭/火成碳具有丰富的 COM 组分，其凝聚的芳香族结构对微生物和化学降解具有很强的抵抗力（Marín-Spiotta et al.，2014；Ussiri et al.，2014），导致土壤中大量积累 COM 组分。基于苯多羧酸（BPCAs）生物标志物分析，以往的研究人员得出结论，有机无机复合体的形成是稳定炭黑的重要过程之一，不完全降解的炭黑，其表面具有的羧基官能团可以促进炭黑与其他有机化合物或矿物粒子的相互作用（Cusack et al.，2012；Brodowski et al.，2006，2005）。最近，研究人员指出，BPCAs 方法不仅可以对热解碳进行表征，还可以对具有芳香环结构的 COM 进行表征（Chang et al.，2018；Kappenberg et al.，2016；Glaser and Knorr，2008）。因此，可以通过比较有机无机复合体破碎前后的分子标志物信息评估矿物颗粒与 COM 之间的相互作用。

铁铝氧化物和高岭石是红壤中主要的氧化物和黏土矿物，其中高岭石含量可高达黏土矿物的 50%（Hong et al.，2010）。为了解决以上这些关键过程，因此，本书首先通过实验室模拟，人为添加高岭石，利用分子生物标志物（木质素和游离态脂）从分子水平上研究不同植物组织 OM 在矿物存在下的降解/保护作用。基于第 7~9 章农耕土壤下通过 10%HF/1mol/L HCl 酸处理方法，进一步比较酸洗前后游离态脂和木质素的不同保护机制以及土地利用变化对有机无机复合体的影响。假设游离态脂和木质素类产物在土地利用变化下与活性矿物相互作用呈现不同的保护机制，本章进一步分析耕作土壤不同粒径组分下 BPCAs 分布和含量，探究不同粒径组分下 COM 与矿物的相互作用。

10.2　研　究　方　法

10.2.1　样品收集和准备

本书采集大理白族自治州宾川县不同植被类型［裸子植物松针（*Pinus yunnanensis*）］和被子植物锥栗叶［*Castanea henryi*（Skan）Rehd. etWils.］。对新鲜样品进行预处理：采集回来后，新鲜植物首先进行冷冻干燥，然后剪碎，确保直径小于 5mm，然后放于 4℃冰箱保存。采集云南省红河州元阳梯田表层土壤（0~20cm），分别为人为干扰土壤（旱地 TD 和水田 TP）和未受人为干扰的自然土壤（NS）。TD 主要种植玉米，TP 主要种植水稻。耕作年代均有 50 多年。样品采集时对植物残体手动移除，然后对土壤样品进行风干，研磨过筛，并使用 10% HF/1mol/L HCl 酸处理，探究游离态脂和木质素的保护机制。为了研究稠环有机质（COM）与矿物颗粒的相互作用，在云南省西双版纳州采集三个土壤样品，即天然土壤（NP，免耕）和两个水稻土，水稻土种植年限分别为 25 年（P25）和 55 年（P55）。所有土壤均在三个土壤深度取样：SL（表层土壤，0~20cm）、PH（犁耕层，20~40cm）和 PP（犁底层，40~60cm）。挑出植物残渣后，将所有样品风干，过0.85mm 筛保存分析。

10.2.2　植物凋落物的微生物降解实验

根据 Feng 等（2011）、Milther 和 Zech（1998）的研究方法模拟微生物的降解。具体如下：称取一定植物样品（称 30g 松针，15g 锥栗叶）与高岭土以 5∶1 的质量比充分混匀。然后，分别加入一定量的菌液进行接种（菌液从新鲜土壤的上清液获取），确保 60% 左右的含水率。所有样品均避光放于 20℃培养箱中。为了保证一定的含水率，每周定期打开盖子通空气 10min 左右，并每次加入 1mL 左右去离子水。培养一年后，收集样品，并干燥、冷冻、保存。

10.2.3　粒径分级

西双版纳样品经过两步分筛，所有土壤样品被分成三个粒径：黏粒（粒径<2μm）、粉砂（粒径 2～53μm）和砂粒（粒径 53～250μm）。简而言之，将 20g 土壤超声分散在150mL 去离子水中，能量输入为30J/mL。在通过 250μm 筛后，将悬浮液用 47.5W 的超声处理 10min，土壤与水的比例为 1：10。通过湿筛分离砂粒部分（粒径 53～250μm）。将剩余的悬浮液（300mL）转移到离心管中并以 700g 离心 4min。粉砂（粒径 2～53μm）沉淀在底部，而黏粒部分（粒径<2μm）仍悬浮在上清液中。为了获得黏粒部分，将悬浮液以 4000g 离心 12min。该过程至少重复 18 次，直到悬浮液澄清。所有土壤样品在烘箱中 40℃下干燥，并分析元素（N、C、H、S）含量和 COM 信息。

10.2.4　BPCA 分子生物标志物和化学热氧化法测定 COM 含量

有研究指出，在高温高压下强酸对 COM 的氧化过程中，苯环会发生裂解和氧化。因此，羧基将被引入裂解的苯环上以形成 BPCAs（Chang et al.，2018；Brodowski et al.，2007）。称取少于 5mg 的有机碳样品，加入 10mL 4mol/L 的三氟乙酸（TFA），于反应釜中 105℃下反应 4h。待冷却至室温后取出，抽滤并用去离子水反复冲洗以去除多价阳离子。固体残渣在 35～40℃下烘干，放于反应釜中，加入 2mL 65%的 HNO_3，于 170℃下反应 8h。冷却至室温后加 10mL 去离子水过滤到 15mL 玻璃瓶中。取 2mL 滤液加入 10mL 去离子水和 100μL 柠檬酸混合均匀，过阳离子交换柱（Dowex 50 WX8，200-400mesh）。

将阳离子交换处理过的滤液收集于锥形瓶中，置于冷冻干燥机中冷冻干燥。干燥后的样品用甲醇重新溶解并转移到液相瓶中，加入 100μL 联苯–2,2'–二羧酸，在 N_2 氛围下吹干。吹干后的样品加入 100μL 无水吡啶和 100μL 三甲基硅烷化试剂（BSTFA+TMCS 99：1）进行衍生化处理。衍生化处理后的样品置于低温环境中 24h，进行气相色谱–质谱联用仪（GC-MS）分析。

以化学热氧化法作为对比验证 BPCAs 法测定 COM 的适用性。通过化学热氧化法测量矿物去除前后所有土壤样品的 COM 含量（Min et al.，2019；Roth et al.，2012），具体操作如下：10mg 的样品在马弗炉中加热，先在 300℃条件下热解 8h，之后在(375±5)℃下热解 24h，热解过程均在空气中进行。热解后的样品用 100μL HCl（1mol/L）洗涤以去除碳酸盐。样品烘干后，用元素分析仪测定土样的 C 元素含量，以定量 COM。

10.2.5　统计分析

利用统计学软件 SPSS（Version 22.0，美国）中的单因素分析或者独立 t 检验分析比较生物降解前后的木质素和脂类变化差异，以及自然土壤和耕作土壤中游离态脂和木质素酚产物的差异。

10.3　非稠环芳香有机质

10.3.1　高岭石对不同植物组织 OM 降解前后的元素分析

如表 10.1 所示，植物中有机碳含量在降解后减小（$P<0.05$），表明相对未添加高岭石而言，高岭石的添加稀释了有机碳的含量，导致在高岭石存在的情况下有机碳的含量降低。C/N 在所有样品中降解后均有一定的减小，表明 OM 发生了降解，其中锥栗叶 C/N 降低了 43.5%，而松针降低了 16.8%。这一现象表明，锥栗叶更易发生生物降解。因此，生物残体的降解依赖于植物种类，因此在未来 SOM 稳定性的管理过程中需考虑覆盖植被的类型。

表 10.1　生物降解前后植物组织的元素分析

	样本	C 含量/%	N 含量/%	O 含量/%	H 含量/%	S 含量/%	C、N 原子个数比
松针	PN-O	47.4±0.3	1.01±0.00	39.6±0.6	5.83±0.02	0.04±0.00	54.9±0.9
	PN-B	46.5±0.0	1.19±0.05	38.9±0.1	5.56±0.04	0.06±0.00	45.7±2.0
	PN-BK	32.3±0.8	0.84±0.02	27.8±0.0	3.96±0.13	0.05±0.01	45.1±0.2
锥栗叶	CL-O	46.1±0.4	1.18±0.03	39.5±0.1	5.62±0.04	0.08±0.00	45.7±1.4
	CL-B	44.7±0.6	2.02±0.02	38.4±0.4	5.36±0.01	0.16±0.02	25.8±0.1
	CL-BK	25.7±0.1	1.27±0.07	25.0±0.1	3.28±0.00	0.11±0.01	23.7±1.2

注：PN 表示松针，CL 表示锥栗叶，O 表示原始样品，B 表示生物降解，BK 表示加高岭石后生物降解。

此外，通过傅里叶红外光谱分析可知，在波数为 1631cm^{-1} 下有比较明显的芳香环 C≡C 伸缩振动峰，在波数为 2800～3000cm^{-1} 有明显的—CH$_2$ 伸缩振动峰（图 10.1）。然而，生物降解后，我们并没有在这些特定波数下观察到明显的差异。因此，接下来将对 OM 的生物降解进行分子生物标志物分析。

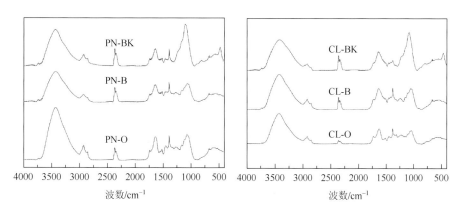

图 10.1　生物降解前后植物组织的傅里叶红外光谱分析

10.3.2 高岭石对不同植物组织木质素酚的保护作用

如图 10.2 所示，生物降解后，相比于未添加高岭石组，在高岭石存在下木质素酚单体含量更高。这一现象表明，随着 OM 的降解，高岭石的添加显著地抑制了木质素酚的降解。甚至我们观察到生物降解后的松针中木质素酚单体的浓度高于原始松针，其原因是木质素酚产物相较于其他有机质组分优先受高岭石的保护。此外，也观察到未添加高岭石的锥栗叶中 S/V 随着生物降解的进行而升高，而相对高岭石的存在，其变化很小（图 10.3）。其原因在于高岭石对 V 单体的优先吸附保护而不易被降解。过去研究表明，相对于 S 和 C 单体而言，V 单体因更为复杂的结构会更加稳定，不易降解（Thevenot et al.，2010）。而本书的结果表明，V 单体除了本身结构外，其与矿物的相互作用对稳定性的影响也是不可忽略的。

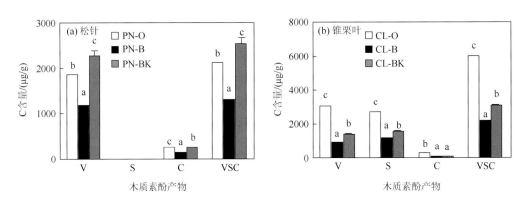

图 10.2 松针和锥栗叶木质素酚产物的碳标准化含量

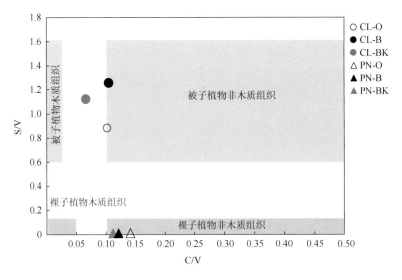

图 10.3 S/V 与 C/V 的比例图

本章进一步通过木质素降解参数［如 V 单体的香草酸与醛的比值，(Ad/Al)$_V$］指示木质素的降解程度。如表 10.2 所示，(Ad/Al)$_V$ 在高岭石存在下比未添加高岭石组具有更低的值。一般情况下，该值越大，降解越高。因此，(Ad/Al)$_V$ 比值进一步说明了高岭石在一定程度上对木质素降解的抑制作用。

表 10.2　木质素的降解参数指标

样本	(Ad/Al)$_V$	P/(V + S)	3, 5-DHBA/V
PN-B	0.81±0.002	0.25±0.008	0.07±0.000
PN-BK	0.56±0.044	0.24±0.000	0.05±0.004
CL-B	0.62±0.004	0.08±0.000	0.18±0.001
CL-BK	0.55±0.003	0.07±0.000	0.13±0.001

10.3.3　高岭石对不同植物组织游离态脂的保护作用

相对木质素而言，游离态脂也明显受到高岭石的保护。从图 10.4 可以看出，脂肪酸是游离态脂的主要成分。在高岭石添加前，两种植物组织中大部分脂肪酸含量显著降低，而生物降解后，一些新的脂肪酸被检测到。脂肪醇和烷烃中也得到相似的结果。这可能归因于微生物对长链碳的降解以及叶蜡的水解。这一结果证实了高岭石对不同植物组织游离态脂的保护作用是土壤和覆盖植物组织间生物标志物的信息不能完全匹配的原因之一（Mueller et al.，2012；Nierop et al.，2005）。此外，在高岭石存在的条件下，相对于脂肪醇和烷烃，脂肪酸更易受到高岭石的保护。高岭石的添加抑制了长链脂肪酸的降解，从高岭石添加后与添加前的比值可以看出（图 10.5），该比值大于 1，甚至可达 6，表明高岭石的存在有利于脂肪酸的富集。尽管高岭石添加对不同碳数脂肪酸的保护程度没有随着碳数增加呈现显著的相关性，但我们观察到锥栗叶中的脂肪酸相比于松针而言有更强的保护（图 10.5），而前文中木质素则呈现相反的趋势。这一差异表明，不同植被组织中有机化合物的存在结构可能会影响其与矿物的相互作用。

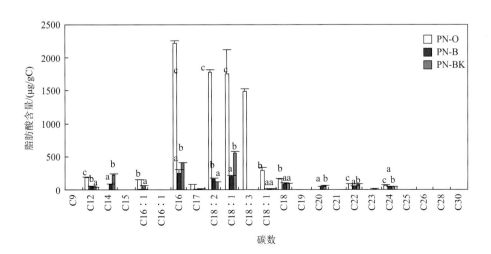

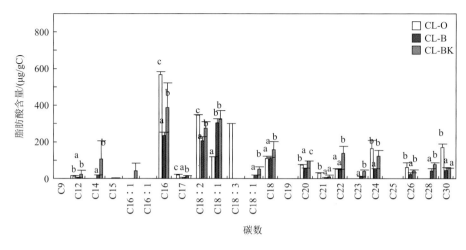

图 10.4 松针和锥栗叶中不同碳数脂肪酸的含量分布

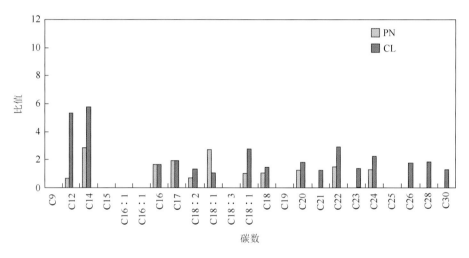

图 10.5 高岭石添加前后单个脂肪酸的比值分析

同样，矿物对游离态脂的保护也可以利用游离态脂的降解指数（如碳优势指数 CPI）来反映（表 10.3）。一般长链脂肪酸呈现明显的偶数碳优势，而烷烃呈现明显的奇数碳优势。因此，它们各自的 CPI 越低，表明游离态脂降解越高（Wiesenberg et al.，2010）。添加高岭石后，其 CPI 均高于未添加高岭石组，进一步表明脂类在矿物的保护下避免了降解。

表 10.3 游离态脂的相关降解参数

	样本	ACL-AF[a]	CPI-AF[b]	C18：1-3/C18[c]	(C16：1＋2)/C16[d]	RLS[e]	CPI-ALK[f]
松针	PN-O	17.4±0.02	NC	32.3±4.17	0.07±0.0	0.02±0.0	NC
	PN-B	17.5±0.01	11.1±0.13	4.27±0.41	0.02±0.01	0.17±0.0	2.98±0.20
	PN-BK	17.2±0.06	NC	7.25±0.12	0.15±0.01	0.12±0.04	5.10±0.0

续表

	样本	ACL-AF[a]	CPI-AF[b]	C18：1-3/C18[c]	(C16：1+2)/C16[d]	RLS[e]	CPI-ALK[f]
锥栗叶	CL-O	19.3±0.28	18.8±0.40	7.01±0.86	0.00	0.37±0.07	17.9±3.76
	CL-B	19.0±0.25	14.2±2.32	4.88±0.07	0.00	0.31±0.03	9.22±0.04
	CL-BK	19.0±0.07	16.68±2.44	4.16±0.82	0.11±0.15	0.41±0.08	13.9±0.36

注：a 表示脂肪酸的平均碳长度；b 表示长链脂肪酸（＞C20）的偶数碳优势指数；c 表示不饱和 C18 脂肪酸与正构 C18 脂肪酸比值；d 表示不饱和 C16 脂肪酸与正构 C16 脂肪酸比值；e 表示长链脂肪酸之和（$\sum\geqslant$C20）与短链脂肪酸之和（$\sum<$C20）的比值；f 表示烷烃的奇数碳优势指数；NC 表示没有检测到。

10.3.4　高岭石对不同植物组织易降解糖类的保护作用

近年来越来越多研究表明，一些易降解 OM 组分（如糖类）通过与矿物相互作用可被很好地保存，也是其对土壤碳存储的重要贡献（Clemente et al.，2011；Rumpel et al.，2010）。在有机质溶剂萃取中，植物中也检测到大量的糖类组分，生物降解后，糖类被快速降解，其含量明显降低，甚至不能检测出（表 10.4）。然而，高岭石显著保护了糖类组分的降解，特别是一些植物源糖类。可见，高岭石的加入能稳定一些植物源糖类，这与以往研究在土壤中发现糖类长久存在的结果一致，这一现象归因于有机无机复合体和土壤颗粒的团聚体作用。

表 10.4　植物组织中主要糖类的含量

化合物	保留时间/min	PN-O/(mg/g C)	PN-B/(mg/g C)	PN-BK/(mg/g C)	CL-O/(mg/g C)	CL-B/(mg/g C)	CL-BK/(mg/g C)
D-(-)-果糖呋喃糖	24.339	4.21±0.21	0	0.20±0.06	3.78±0.13	0	0.05±0.02
果糖吡喃糖	24.427	5.41±0.24	0	0.32±0.05	5.38±0.06	0	0.05±0.02
D-松三醇	24.760	73.9±1.6	0.03±0.01	1.74±0.31	0.31±0.01	0.02±0.01	0.18±0.03
半乳糖吡喃糖	25.697	18.8±6.0	0.02±0.01	0.39±0.04	19.6±0.4	0.04±0.00	0.14±0.05
β-D-葡萄糖吡喃糖	27.177	38.7±0.7	0.02±0.01	0.47±0.05	24.3±0.2	0.04±0.00	0.15±0.03
肌醇	28.813	1.54±0.03	0.01±0.00	0.03±0.00	3.90±0.06	0	0.03±0.02
蔗糖	36.590	15.6±0.2	0	0.23±0.01	34.9±0.8	0.01±0.00	0.14±0.05
D-(+)-海藻糖	37.808	0	0.13±0.01	0.08±0.04	0	0.89±0.17	1.86±0.45

10.3.5　高岭石对持久性自由基的影响

OM 的降解伴随着自由基的生成，追踪 OM 降解过程中自由基信号可能提供一个特殊的视角理解 OM 的稳定性。本书利用电子顺磁共振（electron paramagnetic resonance，EPR）仪分析表明（图 10.6），OM 组分在生物降解过程中伴随了自由基的产生，根据所测自由基的 g 值（用于判断不同类型的自由基类型），一般来说，g 值在 2.0030～2.0040

范围代表以碳为中心且邻氧的自由基，而 >2.0040 则是以氧为中心的自由基。本书中 g 值超过 2.0040，表明主要是以氧为中心的持久性自由基（Patil and Argyropoulos，2017；Steelink，1964）。这些自由基很可能是一些半醌类或醌类自由基。在高岭石存在的条件下，降解后的 EPR 信号增强且能长期稳定。以往研究表明，这些持久性自由基可以通过过渡金属等颗粒保持稳定（Dellinger et al.，2007），然而高岭石中并未检测到过渡金属，因此推测自由基不仅可以通过过渡金属等颗粒被稳定，也可通过吸附在高岭石上而稳定，从而阻碍其与其他 OM 组分发生进一步降解。这也从另一个角度证实了高岭石的存在可以在一定程度上抑制 OM 的降解。

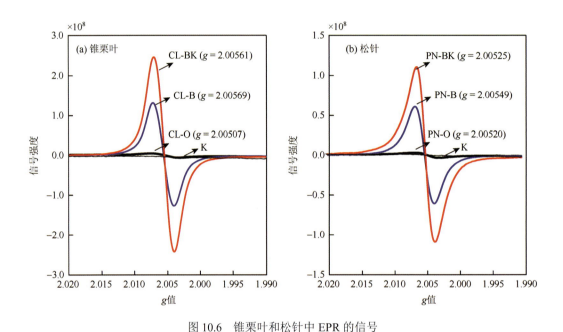

图 10.6　锥栗叶和松针中 EPR 的信号

10.3.6　土壤矿物对木质素与游离态脂的保护机制不同

在第 9 章酸处理过程中，土壤颗粒被分为两层：颜色深的表层土，颜色浅的底层土；颜色深的表层土显示具有高的有机碳含量，因此视为富含有机质层（L_{OM}）；而颜色浅的底层土因包含大量的非活性矿物被视为非活性土层（L_{NR}）。本书对这两层土进行分离，单独分析其性质和分子组分。在 L_{NR} 中，两种分子生物标志物所占的比例有显著的差别（图 10.7）。大量游离态脂在 L_{NR} 被检测到，其含量超过 50%；相反，木质素酚产物几乎检测不到。这个差异表明游离态脂和木质素的保护机制不同。木质素的保护比游离态脂的保护更加依赖于矿物。游离态脂很可能还受到土壤团聚体的包裹影响。相反，木质素的保护更多受到有机无机复合体的控制。在这种情况下，高氧化程度的木质素酚产物可能更易与活性矿物相互作用而稳定。这个假设可以利用 L_{NR} 和 L_{OM} 中降解参数作进一步分析。

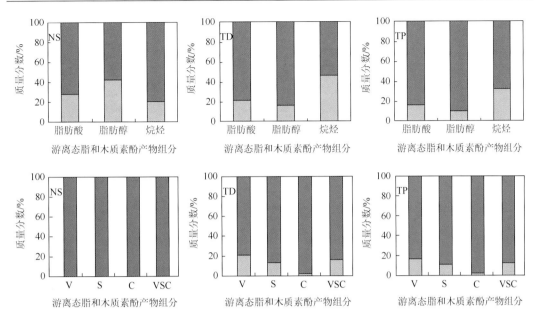

图 10.7　酸处理后的游离态脂和木质素酚产物在 L_{OM} 和 L_{NR} 中的质量分布

注：深灰色代表 L_{OM}；浅灰色代表 L_{NR}。

L_{OM} 中的分子生物标志物大部分由与活性矿物结合的 SOM 贡献。背景土壤中的 L_{NR} 因缺乏大部分生物标志物信息，其降解参数不能被计算。然而，如图 10.8 所示，TD 和 TP 中 L_{OM} 层的 $(Ad/Al)_V$ 和 $(Ad/Al)_S$ 比 L_{NR} 高很多，表明高氧化程度木质素组分与活性矿物形成有机无机复合体。因此，相比游离态脂而言，有机无机复合体的形成对氧化程度高的木质素的稳定作用更为重要。本书的结果与 de Junet 等（2013）报道木质素主要集中于游离 OM 组分中而不是有机无机复合体中的结果相反，其原因可能是人为活动加速了木质素的氧化使其能更好地与活性矿物结合。

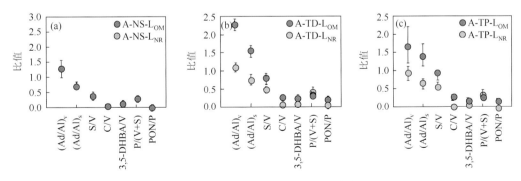

图 10.8　酸处理后木质素的降解参数变化

注：深灰色代表酸处理后的上层有机质层；浅灰色代表酸处理后的下层非活性矿物层；A 表示酸处理后；酸处理后的背景土 NS 下层中没有检测到木质素酚。

正如以前研究报道的，农耕土壤中木质素的周转可能比整体土壤有机碳还快（Heim

and Schmidt，2007b）。最近研究也报道黏粒组分中的木质素酚产物比砂粒和粉砂组分更高（Clemente et al.，2011；Heim and Schmidt，2007a）。本书的结果进一步确定了木质素特别是高氧化程度的木质素的周转主要受活性矿物控制。农家肥一方面可以作为营养物质能够增加 SOM 的含量提高土壤肥力；另一方面，有机肥的应用也促进有机无机复合体的形成，使其具有更高的稳定性。例如，Feng 等（2014）研究显示，SOM 的稳定并不随有机碳的负载增加而减小。可能原因是当有机碳达到饱和时，有机无机复合体的作用更为重要。元阳梯田铁含量丰富，有机质的输入使得更多的活性矿物富集，这些活性矿物将加强有机无机复合体的形成。这也是元阳梯田中 SOM 稳定的重要机制。

10.4　稠环芳香有机质

10.4.1　BPCAs 方法和热氧化法（CTO-375℃）对 COM 测定结果的比较

BPCAs 和热氧化法（CTO-375℃）测得的 COM 含量分别记为 COM_{BPCAs} 和 COM_{CTO}（Chang et al.，2018）。这两种方法测得的 COM 结果没有相关性（图 10.9）。用 HF 和 HCl 去除土壤活性矿物后，CTO-375℃测得的 COM 含量比未去除矿物前降低了 80%。理论上分析，COM 具有高疏水性，去除土壤矿物的过程中可能会造成低稳定性有机质流失，但 COM 则不会流失（Ren et al.，2018；Jin et al.，2015）。去矿之前，与矿物结合的这部分非稳定性有机质不会被完全热分解掉（Gélinas et al.，2001），因此，非稳定性有机质对 CTO-375℃测得的 COM 含量有所贡献。相反，去矿后 BPCAs 方法测得的 COM 含量却有所增加。COM 也会与无机矿物相互作用形成有机无机复合体进而被稳定下来，去矿前，这部分 COM 不会被 HNO_3 氧化；去矿后，失去矿物保护的 COM 会重新暴露在环境中被 HNO_3 氧化生成 BPCAs。因此，去矿后测得的 COM_{BPCAs} 的量才是对土壤 COM 含量的准确评估。同时，比较去矿前后 COM_{BPCAs} 的差异大小，可以反映有机无机复合体对 COM 不同保护程度。去矿前后 BPCAs 各单体的含量显著相关（图 10.10），线性回归分析显示，决定系数 R^2 大于 0.75，斜率大于 1，表明矿物颗粒对 COM 各组分有显著的保护作用。B5CA 和 B6CA 的斜率小于 B3CA 和 B4CA 的斜率，并不表明稠环有机质与矿物的相互作用比

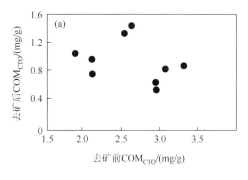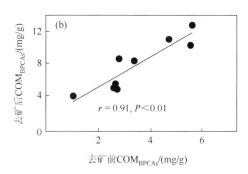

图 10.9　COM_{CTO} 和 COM_{BPCAs} 去矿前后的关系

非稠环有机质与矿物的相互作用弱。而 B5CA 和 B6CA 大的截距则表明，COM 含量较低时，稠环有机质与矿物的相互作用较强。如果去矿后测得的 COM_{BPCAs} 是对土壤中 COM 含量的准确评估，比较去矿前后 COM_{BPCAs} 含量，发现有 42%～73% 的 COM 被有机无机复合体保护起来（El-sayed et al.，2019；Kalbitz et al.，2005）。

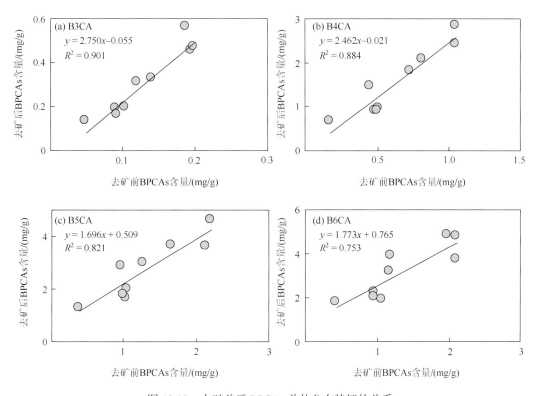

图 10.10　去矿前后 BPCAs 单体分布特征的关系

10.4.2　COM 在不同土壤粒径组分中的分布特征

将土壤通过湿筛分方法分为砂粒、粉砂和黏粒。在砂粒中只检测到 5% 的 BPCAs，鉴于其含量微乎其微，在以下讨论中对其忽略。黏粒中 BPCAs 含量占到了 60%（图 10.11）。但是 BPCAs 在不同粒径中的含量差异并不能反映 COM 与矿物颗粒间的相互作用，比较去矿前后 BPCAs 的含量才是分析 COM 与矿物颗粒相互作用较为准确的方法。本书实验计算不同粒径去矿前后，BPCAs 含量的比值（图 10.12）。未耕作土壤黏土矿物中 BPCAs 含量比值较大，且随着土壤深度的增加而增加，表明黏土矿物与 COM 的相互作用程度较大。耕作活动降低了该比值，说明耕作使 COM 与无机矿物的相互作用变弱（Llorente et al.，2017；Zhao et al.，2017）。但是耕作 55 年后，这种相互作用又逐渐恢复。为进一步理解 COM 与矿物之间的相互作用机理，实验分析了去矿前后土壤矿物相的变化。

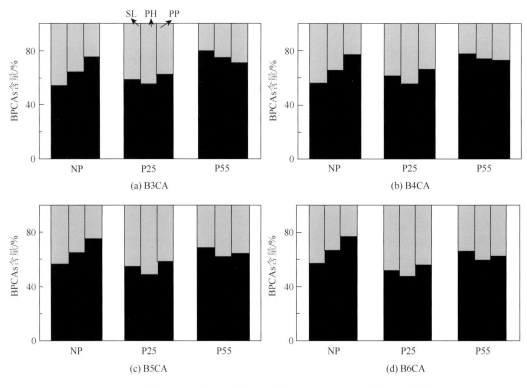

图 10.11　黏粒（黑色柱）和粉砂（灰色柱）中 BPCAs 单体分布特征

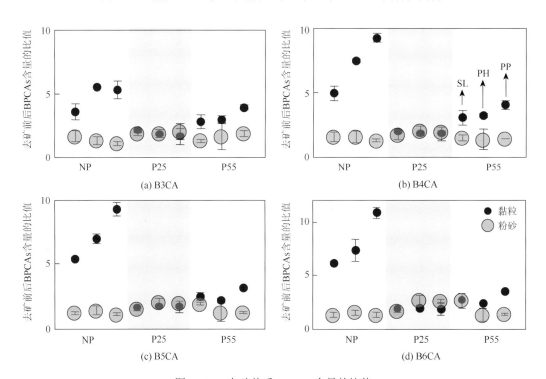

图 10.12　去矿前后 BPCAs 含量的比值

10.4.3　土壤矿物相对 COM-矿物复合体形成的影响

在黏粒和粉砂中，主要的矿物成分为高岭石、白云母和石英颗粒。黏粒中还存在少量的赤铁矿和针铁矿（图 10.13）。洗矿处理几乎去掉了所有的高岭石和白云母，但是还存在大量的石英颗粒。因此，去矿后增加的 BPCAs 含量可能来源于与高岭石和白云母相互作用的 COM。以往的研究认为，有机质的稳定性主要取决于它的惰性结构（Bird et al.，2015；Cusack et al.，2012），但是有机无机复合体也在有机质稳定过程中发挥了不可忽视的作用（Khomo et al.，2017）。通过密度分级实验，de Junet 等（2013）认为，超过 70% 的有机质参与了有机无机复合体的形成。有机质与矿物的相互作用主要通过不可逆吸附完成（Newcomb et al.，2017），涉及配体交换作用、多价阳离子桥接作用以及吸附在矿物表面有机质的构象变化（Kaiser et al.，2016；Kappenberg et al.，2016）。高分子量组分与无机矿物形成有机无机复合体的现象也被证实存在（Feng et al.，2005）。通过 BPCAs 方法分析，本书发现有 57%～73% 的 COM 与矿物颗粒发生作用，虽然耕作活动会减少这个比例，但是仍然高达 42%～60%。因此，本书认为 COM-矿物复合体在 COM 稳定过程中发挥了重要作用。

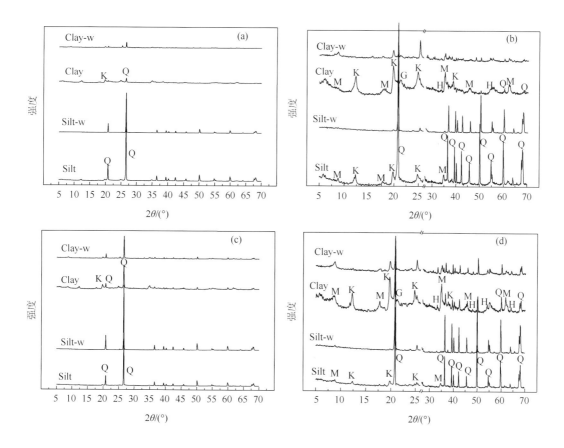

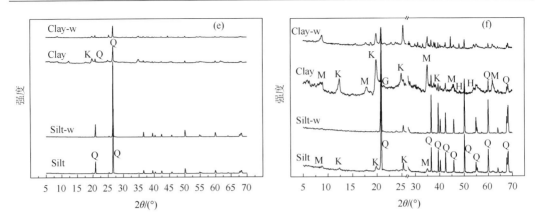

图 10.13　去矿前后不同土壤颗粒 X 射线衍射图谱

注：Q 表示石英；K 表示高岭石；M 表示白云母；H 表示赤铁矿；G 表示针铁矿；Clay-w 表示黏粒-去矿；Clay 表示黏粒；
Silt-w 表示粉砂-去矿；Silt 表示粉砂。

10.4.4　活性铁、铝与 COM-无机矿物复合体之间的关系

　　未耕作土样底层土壤中游离态铁（Fe_d）含量高达 50.0mg/g，耕作过程中 Fe_d 含量降至 11.2mg/g（天然土壤犁底层，NP-PP）（图 10.14）。这说明，耕作活动（例如灌溉和翻耕）可能会去除土壤中的活性铁。此外，大部分的活性铁、铝主要存在于黏土组分中，含量高达 90%。通过相关性分析发现，同一土壤不同土层中 Fe_d 与 COM 含量呈显著负相关。前人研究表明，有机质的酚羟基、羧基和铁铝氧化物的羟基或层状硅铝酸盐的边缘位点会发生相互作用结合在一起（Bird et al.，2015；Lützow et al.，2006）。多价阳离子，如 Al^{3+} 和 Fe^{3+} 也可能和有机质的酸性官能团桥接在一起。但是 COM 相较于一般有机质而言只含有少量的官能团，因此无定型矿物与 COM 的相互作用应该给予特殊关注（Hansen et al.，2016；Van De Vreken et al.，2016）。有研究表明，铁与有机组分之间的氧化还原反应会导致有机质发生催化降解（Zhao et al.，2017；Roden et al.，2010）。本书中 COM 与 Fe_d 具有显著的负相关关系（图 10.14），表明铁可能导致了 COM 的降解。一方面，有机质作为电子供受体或电子穿梭体，参与到铁氧化物的氧化还原反应过程中（Zhao et al.，2017；Jiang et al.，2015）；另一方面，某些微生物在铁氧化还原过程中会产生活性氧，进而降解有机质组分（Hall et al.，2015；Yelle et al.，2011）。一些研究还发现，具有高度共轭芳香簇结构的有机质通过生成半醌自由基促进金属氧化还原反应，这一过程加速了有机质自身降解（Jiang et al.，2015；Chen et al.，2003）。需要注意的是，这种负相关关系在未耕作土壤中并不明显。耕作和灌溉活动使水稻土长期处在干湿交替环境中，造成土壤氧气含量波动剧烈，因此耕作活动会加速铁的氧化还原反应，进一步促进 COM 降解（Hall et al.，2015）。但是，未耕作土壤稳定的氧气含量条件不利于铁发生氧化还原反应，因此，本书认为，在人为活动扰动土壤系统中，铁可能在氧化还原循环过程中与 COM 发生反应，导致 COM 降解，但是这种反应机制还需要进一步研究。

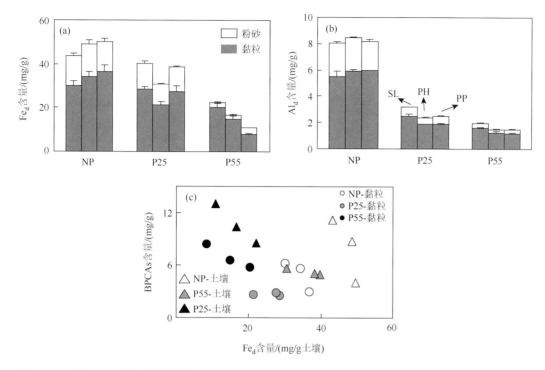

图 10.14　黏粒和粉砂中游离态铁含量（a）、游离态铝含量（b）及游离态铁含量和 BPCAs 含量的关系

10.5　本章小结

高岭石添加后，植物凋落物的木质素和游离态脂降解参数均表明高岭石部分抑制了木质素和游离态脂的降解。对于易降解糖类组分，高岭石的加入也大大提高了其稳定性。此外，生物的降解伴随着自由基的生成，在高岭石存在的条件下，持久性自由基能吸附在高岭石上并相对稳定，这可能也是高岭石存在的条件下抑制 OM 降解的重要因素。

土壤游离态脂的保护不仅受矿物组分影响，土壤颗粒（非活性矿物组分）的包裹也是其重要的保护机理。而木质素的保护特别是高氧化程度的木质素主要受活性矿物的控制。一方面，人为干扰会加速木质素的氧化；另一方面，更高氧化程度的木质素组分与活性矿物形成更加稳定的有机无机复合体。特别是有机肥的施加会增加 SOM 的含量，促进有机无机复合体的形成，从而提高 SOM 的稳定性。对一些氧化程度高的 OM 可能有更强的保护作用，对于土壤碳循环中的碳封存是至关重要的环节。

去除矿物后土壤中 BPCAs 的提取率会显著增加，计算表明，57%～73%的 COM 与土壤矿物发生相互作用，这种作用主要通过不可逆吸附发生在黏土组分中。值得注意的是，在频繁耕作且少施用有机肥的耕作土壤中，COM 与游离态铁的含量呈显著负相关，表明铁在氧化还原循环过程中会与 COM 发生反应，这种反应会导致 COM 降解。对铁氧化还原过程和 COM 降解关系的深入研究将为理解有机碳循环提供新视角。

参 考 文 献

Balabane M，Plante A F，2004. Aggregation and carbon storage in silty soil using physical fractionation techniques. European Journal of Soil Science，55（2）：415-427.

Barré P，Fernandez-Ugalde O，Virto I，et al.，2014. Impact of phyllosilicate mineralogy on organic carbon stabilization in soils：incomplete knowledge and exciting prospects. Geoderma，235-236：382-395.

Bird M I，Wynn J G，Saiz G，et al.，2015. The pyrogenic carbon cycle. Annual Review of Earth and Planetary Sciences，43：273-298.

Brodowski S，Amelung W，Haumaier L，et al.，2005. Morphological and chemical properties of black carbon in physical soil fractions as revealed by scanning electron microscopy and energy-dispersive X-ray spectroscopy. Geoderma，128（1）：116-129.

Brodowski S，John B，Flessa H，et al.，2006. Aggregate-occluded black carbon in soil. European Journal of Soil Science，57（4）：539-546.

Brodowski S，Amelung W，Haumaier L，et al.，2007. Black carbon contribution to stable humus in German arable soils. Geoderma，139（1-2）：220-228.

Chang Z F，Tian L P，Wu M，et al.，2018. Molecular markers of benzene polycarboxylic acids in describing biochar physiochemical properties and sorption characteristics. Environmental Pollution，237：541-548.

Chen J，Gu B，Royer R，et al.，2003. The roles of natural organic matter in chemical and microbial reduction of ferric iron. The Science of the Total Environment，307（1-3）：167-178.

Clemente J S，Simpson A J，Simpson M J，2011. Association of specific organic matter compounds in size fractions of soils under different environmental controls. Organic Geochemistry，42（10）：1169-1180.

Cotrufo M F，Wallenstein M D，Boot C M，et al.，2013. The Microbial Efficiency-Matrix Stabilization（MEMS）framework integrates plant litter decomposition with soil organic matter stabilization：do labile plant inputs form stable soil organic matter？Global Change Biology，19（4）：988-995.

Cusack D F，Chadwick O A，Hockaday W C，et al.，2012. Mineralogical controls on soil black carbon preservation. Global Biogeochemical Cycles，26（2）：GB2019.

de Junet A，Basile-Doelsch I，Borschneck D，et al.，2013. Characterisation of organic matter from organo-mineral complexes in an Andosol from Reunion Island. Journal of Analytical and Applied Pyrolysis，99：92-100.

Dellinger B，Lomnicki S，Khachatryan L，et al.，2007. Formation and stabilization of persistent free radicals. Proceedings of the Combustion Institute，31（1）：521-528.

El-sayed M E A，Khalaf M M R，Gibson D，et al.，2019. Assessment of clay mineral selectivity for adsorption of aliphatic/aromatic humic acid fraction. Chemical Geology，511：21-27.

Feng X J，Simpson A J，Simpson M J，2005. Chemical and mineralogical controls on humic acid sorption to clay mineral surfaces. Organic Geochemistry，36（11）：1553-1566.

Feng X J，Simpson A J，Wilson K P，et al.，2008. Increased cuticular carbon sequestration and lignin oxidation in response to soil warming. Nature Geoscience，1：836-839.

Feng X J，Hills K M，Simpson A J，et al.，2011. The role of biodegradation and photo-oxidation in the transformation of terrigenous organic matter. Organic Geochemistry，42（3）：262-274.

Feng W T，Plante A F，Aufdenkampe A K，et al.，2014. Soil organic matter stability in organo-mineral complexes as a function of increasing C loading. Soil Biology and Biochemistry，69：398-405.

Fleury G，Del Nero M，Barillon R，2017. Effect of mineral surface properties（alumina，kaolinite）on the sorptive fractionation mechanisms of soil fulvic acids：molecular-scale ESI-MS studies. Geochimica et Cosmochimica Acta，196：1-17.

Gélinas Y，Prentice K M，Baldock J A，et al.，2001. An improved thermal oxidation method for the quantification of soot/graphitic black carbon in sediments and soils. Environmental Science & Technology，35（17）：3519-3525.

Glaser B，Knorr K H，2008. Isotopic evidence for condensed aromatics from non-pyrogenic sources in soils-implications for current methods for quantifying soil black carbon. Rapid Communications in Mass Spectrometry，22（7）：935-942.

Hall S J，Silver W L，Timokhin V I，et al.，2015. Lignin decomposition is sustained under fluctuating redox conditions in humid tropical forest soils. Global Change Biology，21（7）：2818-2828.

Han L F，Sun K，Jin J，et al.，2016. Some concepts of soil organic carbon characteristics and mineral interaction from a review of literature. Soil Biology and Biochemistry，94：107-121.

Hansen V，Müller-Stöver D，Munkholm L J，et al.，2016. The effect of straw and wood gasification biochar on carbon sequestration，selected soil fertility indicators and functional groups in soil：an incubation study. Geoderma，269：99-107.

Heim A，Schmidt M W I，2007a. Lignin is preserved in the fine silt fraction of an arable Luvisol. Organic Geochemistry，38（12）：2001-2011.

Heim A，Schmidt M W I，2007b. Lignin turnover in arable soil and grassland analysed with two different labelling approaches. European Journal of Soil Science，58（3）：599-608.

Hong H L，Gu Y S，Yin K，et al.，2010. Red soils with white net-like veins and their climate significance in South China. Geoderma，160（2）：197-207.

Jiang C，Garg S，Waite T D，2015. Hydroquinone-mediated redox cycling of iron and concomitant oxidation of hydroquinone in oxic waters under acidic conditions：comparison with iron-natural organic matter interactions. Environmental Science & Technology，49（24）：14076-14084.

Jin J，Sun K，Wang Z Y，et al.，2015. Characterization and phthalate esters sorption of organic matter fractions isolated from soils and sediments. Environmental Pollution，206：24-31.

Kaiser M，Zederer D P，Ellerbrock R H，et al.，2016. Effects of mineral characteristics on content，composition，and stability of organic matter fractions separated from seven forest topsoils of different pedogenesis. Geoderma，263：1-7.

Kalbitz K，Schwesig D，Rethemeyer J，et al.，2005. Stabilization of dissolved organic matter by sorption to the mineral soil. Soil Biology and Biochemistry，37（7）：1319-1331.

Kappenberg A，Bläsing M，Lehndorff E，et al.，2016. Black carbon assessment using benzene polycarboxylic acids：limitations for organic-rich matrices. Organic Geochemistry，94：47-51.

Khomo L，Trumbore S，Bern C R，et al.，2017. Timescales of carbon turnover in soils with mixed crystalline mineralogies. SOIL，3（1）：17-30.

Kiem R，Kögel-Knabner I，2003. Contribution of lignin and polysaccharides to the refractory carbon pool in C-depleted arable soils. Soil Biology and Biochemistry，35（1）：101-118.

Liang C，Balser T C，2008. Preferential sequestration of microbial carbon in subsoils of a glacial-landscape toposequence，Dane County，WI，USA. Geoderma，148（1）：113-119.

Llorente M，Glaser B，Turrión M B，2017. Effect of land use change on contents and distribution of monosacharides within density fractions of calcareous soil. Soil Biology and Biochemistry，107：260-268.

Lützow M V，Kögel-Knabner I，Ekschmitt K，et al.，2006. Stabilization of organic matter in temperate soils：mechanisms and their relevance under different soil conditions-a review. European Journal of Soil Science，57（4）：426-445.

Marín-Spiotta E，Gruley K E，Crawford J，et al.，2014. Paradigm shifts in soil organic matter research affect interpretations of aquatic carbon cycling：transcending disciplinary and ecosystem boundaries. Biogeochemistry，117（2）：279-297.

Miltner A，Zech W，1998. Beech leaf litter lignin degradation and transformation as influenced by mineral phases. Organic Geochemistry，28（7-8）：457-463.

Min X Y，Wu J，Lu J，et al.，2019. Distribution of black carbon in topsoils of the northeastern Qinghai-Tibet Plateau under natural and anthropogenic influences. Archives of Environmental Contamination and Toxicology，76（4）：528-539.

Mueller K E，Polissar P J，Oleksyn J，et al.，2012. Differentiating temperate tree species and their organs using lipid biomarkers in leaves，roots and soil. Organic Geochemistry，52：130-141.

Newcomb C J，Qafoku N P，Grate J W，et al.，2017. Developing a molecular picture of soil organic matter-mineral interactions by quantifying organo-mineral binding. Nature Communications，8：396.

Nierop K G J，Naafs D F W，van Bergen P F，2005. Origin，occurrence and fate of extractable lipids in Dutch coastal dune soils along a pH gradient. Organic Geochemistry，36（4）：555-566.

Patil S V，Argyropoulos D S，2017. Stable organic radicals in lignin：a review. ChemSusChem，10（17）：3284-3303.

Pisani O，Haddix M L，Conant R T，et al.，2016. Molecular composition of soil organic matter with land-use change along a bi-continental mean annual temperature gradient. Science of the Total Environment，573：470-480.

Ren X Y，Zeng G M，Tang L，et al.，2018. Sorption，transport and biodegradation-an insight into bioavailability of persistent organic pollutants in soil. Science of the Total Environment，610-611：1154-1163.

Roden E E，Kappler A，Bauer I，et al.，2010. Extracellular electron transfer through microbial reduction of solid-phase humic substances. Nature Geoscience，3：417-421.

Roth P J，Lehndorff E，Brodowski S，et al.，2012. Differentiation of charcoal，soot and diagenetic carbon in soil：method comparison and perspectives. Organic Geochemistry，46：66-75.

Rumpel C，Eusterhues K，Kögel-Knabner I，2010. Non-cellulosic neutral sugar contribution to mineral associated organic matter in top-and subsoil horizons of two acid forest soils. Soil Biology and Biochemistry，42（2）：379-382.

Steelink C，1964. Free radical studies of lignin，lignin degradation products and soil humic acids. Geochimica et Cosmochimica Acta，28（10-11）：1615-1622.

Thevenot M，Dignac M F，Rumpel C，2010. Fate of lignins in soils：a review. Soil Biology and Biochemistry，42（8）：1200-1211.

Ussiri D A N，Jacinthe P A，Lal R. 2014. Methods for determination of coal carbon in reclaimed minesoils：a review. Geoderma，214-215：155-167.

Van De Vreken P，Gobin A，Baken S，et al.，2016. Crop residue management and oxalate-extractable iron and aluminium explain long-term soil organic carbon sequestration and dynamics. European Journal of Soil Science，67（3）：332-340.

Wiesenberg G L B，Dorodnikov M，Kuzyakov Y，2010. Source determination of lipids in bulk soil and soil density fractions after four years of wheat cropping. Geoderma，156（3-4）：267-277.

Yelle D J，Wei D S，Ralph J，et al.，2011. Multidimensional NMR analysis reveals truncated lignin structures in wood decayed by the brown rot basidiomycete Postia placenta. Environmental Microbiology，13（4）：1091-1100.

Zhao Q，Adhikari D，Huang R X，et al.，2017. Coupled dynamics of iron and iron-bound organic carbon in forest soils during anaerobic reduction. Chemical Geology，464：118-126.

第 11 章　分子生物标志物描述矿物溶解下土壤有机质组分变化及其吸附特征

11.1　引　　言

有机污染物在土壤中的吸附行为是决定其环境行为的一个关键过程。土壤有机质（SOM）对于有机污染物特别是疏水性有机污染物的吸附具有重要贡献。在过去三十年，SOM 与污染物的相互作用机理已被广泛研究，研究者从早期的线性分配理论的提出，用有机碳标准化的分配系数 K_{OC} 预测 SOM 与有机污染物的吸附行为，到非线性理论的提出，后来指出 SOM 的非均质性会影响其吸附特性，其吸附呈现非理想吸附行为，包括竞争吸附、解吸滞后等非线性吸附行为（Xing，2001；Karapanagioti et al.，2000）。基于该概念的发展，研究者发现 SOM 的非线性吸附特性依赖于 SOM 的元素组成（Kang and Xing，2005）、表面官能团（Zhang et al.，2016；Salloum et al.，2002）和物理构象（Pan et al.，2007）。这些研究发展取得了一系列新认识和突破，使预测有机污染物的环境行为成为可能，能更有效地预测其归趋和进行风险评估（Xing，2001；Johnson et al.，2001）。需要注意的是，在过去研究有机污染物环境行为的框架中，SOM 是有机污染物的重要吸附剂，普遍被当作一个静态组分。但 SOM 在整个土壤系统中会随着时空发生一定的改变或分级，这是导致很多研究中 SOM 与有机污染物的吸附特征结果有一定差异甚至相反的关键因素之一。因此，准确预测有机污染物在土壤中的环境行为需要结合 SOM 的动态属性进行考虑。但迄今为止，鲜有研究能动态理解 SOM 的性质变化对有机污染物的吸附行为。

在全球碳循环框架中，SOM 作为陆地生态系统中最大活跃碳库（Batjes，1996），参与其他营养元素的循环与生命活动（Six et al.，2006；Kalbitz et al.，2000）。SOM 组成和稳定性各有差异，在碳循环中 SOM 的化学组分会发生不同程度的改变。比如，SOM 在环境中可以通过物理或化学作用发生降解，由于 SOM 不同组分抗降解性的差异，会发生选择性降解。例如，SOM 中糖类的寿命仅仅几天或几个月，而脂和木质素来源的组分寿命可达数十年（Derrien et al.，2007；Heim and Schmidt，2007；Wiesenberg，2004）。此外，SOM 也可能通过吸附在矿物颗粒上而被选择性地保护（Xiao et al.，2015；Genest et al.，2014）。因此，在土壤风化过程中，矿物组分的改变或溶解可能会导致土壤有机碳含量以及性质改变（Matus et al.，2014；Torn et al.，1997）。以前的研究强调了活性矿物（如无定形铁铝矿物或黏土矿物）比表面积大、带电性和羟基等丰富基团对 SOM 具有较强的吸附性（Torn et al.，1997）。然而，随着土壤矿物风化，活性矿物进一步转化为稳定、活性更低的矿物（Percival et al.，2000；Dixon and Weed，1989）。活性矿物的溶解可能与微生物和动物活动（Ahmed and Holmström，2015；Banfield et al.，1999）、植物或微生物代谢分泌的有机酸（Lazo et al.，2017；Huang and Keller，1972）、酸雨（Qiu et al.，2015）等有关。

因此，随着活性矿物的去除，与矿物结合的部分 SOM 组分可能再次被释放。目前，关于活性矿物的去除是否会改变 SOM 的化学性质和吸附特性尚不清楚。在一些模拟实验研究中，研究者观察到用氢氟酸去除活性矿物使 K_{OC} 增加 2～3 倍。研究者解释出现这种结果的原因可能是活性矿物的去除暴露了更多的 SOM 吸附位点（Smernik and Kookana，2015；Ahangar et al.，2008），或因 SOM 组分的化学性质改变而导致（Rumpel et al.，2006；Zegouagh et al.，2004）。然而，SOM 组分的变化与 SOM 的非均质性有关，但是现有研究并未很好地探究。

考虑到 10%HF 不会显著改变 SOM 的化学结构，本书利用 10%HF 加速模拟活性矿物溶解（Gonçalves et al.，2003），基于 SOM 的化学表征和批量吸附试验探究活性矿物去除后 SOM 的组成变化。SOM 的分子生物标志物技术可以为 SOM 非均质性描述提供一个新的视角（Otto and Simpson，2007；Glaser et al.，1998）。本书选择氧氟沙星和菲分别作为离子型和非离子型有机污染物的模型化合物，预测 SOM 对有机污染物的环境行为的动态变化。

11.2　研　究　方　法

11.2.1　样品收集和准备

为了初步建立生物标志物方法，结合传统化学分析手段的新角度理解有机污染物在土壤中的吸附行为。本书实验选择四种来自云南西双版纳橡胶林、种植时间超过 10 年且有机碳含量不同的土壤样品：10 年表层土（0～20cm）（10-S）、10 年下层土（40～60cm）（10-X）、60 年表层土（0～20cm）（60-S）、60 年下层土（40～60cm）（60-X），对应去矿后的土样分别为 10-S-A、10-X-A、60-S-A、60-X-A。采集的样品经冷冻干燥、研磨，过 100 目筛（孔径 0.15mm）后保存。从土壤中挑出可见的植物残体，避免植物残体的干扰。所有土壤通过化学方法去除活性矿物组分，用于强化模拟活性矿物自然溶解过程。具体方法如下：采用土壤样品和 10% HF/1mol/L HCl 的混合溶液以 1∶4 比例（质量比）混合，放于摇床中（室温，转速 120r/min）振荡 2h。随后，在 2500r/min 的转速下离心 30min，去除上清液。剩余固体重复以上步骤 7 次。酸洗 7 次后，用去离子水反复水洗直至检测不到 Cl⁻。酸洗后的样品进一步冷冻干燥保存。

11.2.2　生物标志物分析

分子生物标志物包括有机溶剂萃取的游离态脂、木质素衍生物和苯多羧酸，常被作为示踪有机质来源和降解变化。游离态脂和木质素生物标志物的测定方法参照第 8 章。

由于炭黑对有机污染物具有高吸附性，因此本书研究还利用 BPCAs 生物标志物检测并分析土壤中炭黑的含量及性质，具体实验方法参照第 7 章。

11.2.3　土壤样品的表征分析

对洗矿前后所有土壤样品的总元素组成（MicroCube）和表面元素组成（X 射线光电子能谱）、表面官能团（傅里叶红外光谱，Varian 640-IR）、比表面积（Micromeritics ASAP2020）以及矿物组成（D/Max 2200）进行表征分析。

11.2.4　批量吸附实验

实验分别选取离子型有机污染物氧氟沙星（OFL）和疏水性有机污染物菲（PHE）。首先，将菲和氧氟沙星溶于含 200mg/L 叠氮化钠（NaN$_3$）和 0.02mol/L 氯化钠（NaCl）的背景液中，分别配制母液浓度为 1mg/L 的 PHE 和 50mg/L 的 OFL，并分别稀释成浓度为 0.01～1mg/L 的 PHE 溶液和 4～50mg/L 的 OFL 溶液。每个吸附曲线包括 11～13 个浓度，每个浓度至少进行两次重复实验。根据预备试验确定液固比（质量比）为 8000∶5～8000∶30，确保 pH 为 7.0±0.2，平衡 7 天后，吸附前后液相浓度的变化为 20%～80%。实验均在 8mL 带有聚四氟乙烯内垫的棕色玻璃样品瓶中进行，并在相同条件下设置空白对照实验，即固体吸附剂与背景溶液的样品为空白样。将装有样品瓶的盒子密封放置于振荡仪中〔温度为（25±0.5）℃，转速为 90r/min〕，振荡平衡 7 天。吸附平衡后，取出样品，在 2500r/min 的转速下离心 30min，固液分离后，吸 1mL 左右的上清液移入 1.5mL 的液相瓶中，并用高效液相色谱检测样品中 PHE 和 OFL 的浓度。

11.2.5　数据分析

本书使用 SigmaPlot 10.0 软件比较两种等温吸附模型弗罗因德利希（Freundlich）和朗缪尔（Langmuir）拟合出来的可调可决系数（R_{adj}^2）衡量拟合结果，发现 Freundlich 模型更适合本书的吸附等温线，Freundlich 模型（FM）公式如下：

$$\lg Q_e = \lg K_F + N \lg C_e \tag{11.1}$$

式中，$K_F[(mg/kg)\cdot(mg/L)^{-n}]$ 是 Freundlich 吸附系数；N 是非线性因子；$Q_e(mg/kg)$ 和 $C_e(mg/L)$ 分别是固相平衡吸附量和液相平衡浓度。由于 K_F 的值取决于非线性指数 N，因此，K_F 值不能直接进行比较。

计算不同浓度下的单点吸附系数（K_d, L/kg），以比较不同吸附等温线的吸附特征，公式为

$$K_d = Q_e/C_e \tag{11.2}$$

11.3　活性矿物去除后土壤性质变化

通过表 11.1 可知，酸处理后，土壤质量损失将近 50%，其中超 90% 以上的质量损失归因于矿物。酸处理后，高岭石和氧化物被去除，剩余的固体主要是二氧化硅。此外，尽

管酸处理也导致了有机碳的富集，但结合质量损失计算可知，酸处理后有 31%～48% 的有机碳被释放溶解。元素组分结果进一步分析表明，酸处理导致 C/H 增加，（N＋O）/C 减小。这一结果表明，有机质的芳香性增加极性减小。X 射线光电子能谱学（X-ray photoelectron spectroscopy，XPS）的测定结果显示，颗粒表面碳含量高于整体一个数量级，表明有机质主要富集在颗粒表面。

表 11.1　酸处理前后的土壤吸附剂的性质变化

吸附剂	元素分析						XPS 表征					SA_{N_2} /(m²/g)	SA_{CO_2} /(m²/g)	ML[c]/%	CL[c]/%
	N/%	C/%	H/%	O/%	C/H[a]	(N＋O)/C[a]	N/%	C/%	O/%	Si/%	Fe/%				
10-S	0.17	1.93	1.15	8.50	0.14	3.38	0.39	18.2	57.4	20.3	3.78	24.5	26.4		
10-X	0.14	1.25	1.04	9.04	0.10	5.52	0.38	18.3	57.2	19.1	4.99	29.1	26.3		
60-S	0.21	2.58	0.89	8.58	0.24	2.56	1.03	16.8	59.6	20.5	2.07	19.0	22.2		
60-X	0.15	1.05	0.81	7.47	0.11	5.46	0.04	18.5	57.0	19.8	4.75	19.3	17.9		
10-S-A[b]	0.24	2.64	0.53	5.86	0.42	1.74	1.13	19.4	51.2	24.8	3.50	8.98	14.4	50.4	32.2
10-Z-A	0.15	1.47	0.51	4.84	0.24	2.56	0.51	23.4	49.5	23.0	3.58	11.4	12.6	55.0	47.1
60-S-A	0.25	3.15	0.55	6.36	0.48	1.58	1.17	25.3	46.7	24.7	2.09	6.29	13.9	46.6	34.8
60-X-A	0.18	1.21	0.48	5.52	0.21	3.55	1.03	21.8	52.0	19.0	6.11	10.0	13.5	44.7	36.3

注：a 表示原子比；b 表示去矿后；ML[c] 表示酸处理后的质量损失；CL[c] 表示酸处理后碳的质量损失率。

通过 FTIR 分析可知（图 11.1），1631cm⁻¹ 波数代表芳香环 C＝C 伸缩振动峰（Haberhauer et al.，1998），结果发现该处呈现较明显的峰，但酸处理前后该峰变化不大。

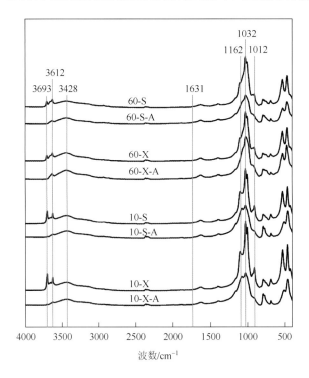

图 11.1　吸附剂的 FTIR 分析

$2800\sim3000cm^{-1}$ 的波数代表—CH_2 的伸缩振动峰（Inbar et al., 1989），在所有固体吸附剂中，该峰强度极小，表明脂肪族化合物含量很低。$400\sim900cm^{-1}$ 的波数主要代表矿物组分（Haberhauer et al., 1998）。研究发现，所有固体均有明显的伸缩振动峰，酸处理后，该峰有一定程度的减弱。此外，$1032cm^{-1}$ 和 $1012cm^{-1}$ 的波数主要代表 Si—O—的伸缩振动峰（Hou et al., 2010），酸处理后，该峰明显降低。同时，在 $1099cm^{-1}$ 的波数下主要来自一些—O—C≡O—伸缩振动峰（Wen et al., 2007），在酸处理后，该伸缩振动峰消失，表明酸处理去除了一些可萃取的极性组分。因此，研究表明，活性矿物与强极性有机质易通过物理、化学作用形成有机无机复合体。当活性矿物溶解后，吸附在矿物上的极性有机质被大量释放。与此同时，酸处理后，所有固体比表面积（specific surface area，SSA）均降低。该结果与已有研究结论一致，归因于活动矿物具有较高比表面积，酸处理后该组分溶解，导致整体比表面积减小（Kaiser and Guggenberger, 2003）。

11.4　酸处理后土壤中特定生物标志物变化

11.4.1　有机溶剂萃取产物

考虑到洗矿后大量矿物质量损失，本书所有生物标志物含量均是基于原始土壤颗粒的绝对浓度计算获得，以确保数据比较的有效性。所有相关生物标志物信息结果显示在表 11.2。结果显示，可萃取的游离态脂含量分布在 $0.13\sim0.78mg/g$，在 60-S-A 中呈现最大值。酸处理后，游离态脂含量均有一定增加。可见，酸处理并没有导致游离态脂含量的损失，相反，通过酸处理溶解矿物，暴露出更多的可萃取的游离态脂，从而提高了其萃取效果。值得注意的是，有机溶剂也萃取出了大量的糖类组分，尽管在所有土壤固体中其含量不尽相同，但在酸处理后，糖类含量明显减少（图 11.2）。在所有糖类组分中，海藻糖是最主要的糖类组分，在酸处理前，其含量占总糖类的 60%以上。然而，酸处理后，大量糖类含量降低，考虑到大部分糖类极性较高，部分可能会随着酸处理过程溶解，故本书对酸处理后上清液中糖类进行了萃取分析。结果发现，上清液中检测到了大量糖类组分，其极性较高，在酸处理后极易释放。这一结果也进一步证实了 FTIR 分析的结果，酸处理后，活性矿物的溶解促进了极性有机化合物（如糖类）的减少。同时，分子生物标志物方法还能灵敏地反映脂肪族化合物的微小变化。

表 11.2　吸附剂的所有生物标志物信息

吸附剂	(Ad/Al)$_v$	(Ad/Al)$_s$	S/V	C/V	V[a]	S[a]	C[a]	VSC[a]	FL[b]	BPCAs[b]	BPCAs[c]
10-S	2.7	6.36	0.27	0.02	13.92	3.73	0.28	17.94	0.27	1.59	1.59
10-X	10.06	ND	0.18	0	5.16	0.95	0.02	6.14	0.13	0.86	0.86
60-S	0.92	0.44	0.33	0.02	33.95	11.14	0.64	45.73	0.54	3.70	3.70
60-X	0.95	0.46	0.42	0	14.65	6.18	0.06	20.89	0.14	0.66	0.66
10-S-A	3.02	2.55	0.36	0.02	13.42	4.86	0.32	18.6	0.29	1.37	2.77

续表

吸附剂	(Ad/Al)ᵥ	(Ad/Al)ₛ	S/V	C/V	Vᵃ	Sᵃ	Cᵃ	VSCᵃ	FLᵇ	BPCAsᵇ	BPCAsᶜ
10-X-A	51.25	ND	0.2	0.01	2.82	0.56	0.02	3.39	0.13	0.61	1.36
60-S-A	5.56	6.96	0.3	0.03	15.65	4.77	0.41	20.83	0.78	4.08	7.64
60-X-A	ND	ND	0.34	0.01	5.5	1.88	0.03	7.4	0.22	0.81	1.46

注：a 单位是 mg/g 土壤（基于酸处理前原始土壤质量）；b 单位是 mg/g 土壤（基于原始土壤质量）；c 单位是 mg/g 土壤（基于对应土壤质量）。

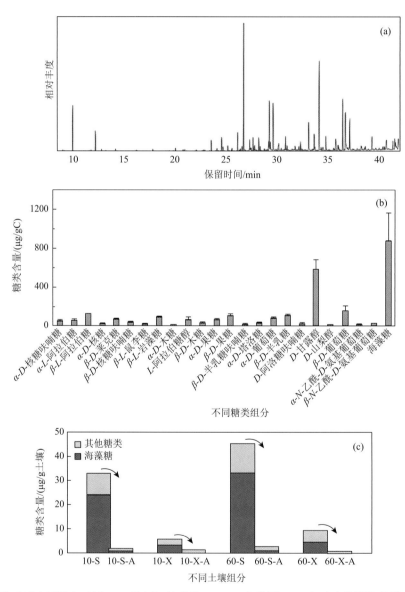

图 11.2　洗矿后上清液中（以 10-S 为例）糖类的 GC-MS 色谱图（a）和对应检测的糖类含量（b），及酸处理前后土壤中总糖类和海藻糖的绝对含量（c）

11.4.2　木质素酚产物

通过 CuO 氧化水解法获得木质素酚产物，包括紫丁香基单元 S、香草基单元 V 和肉桂基单元 C，可通过这些单体比值示踪土壤有机质的木质素来源和分布。与游离态脂一样，所有木质素酚产物含量均基于原始土壤颗粒的含量。如表 11.2 所示，酸处理后，剩余土壤样品中 VSC 大量减少，且(Ad/Al)$_V$ 明显增加，表明木质素侧链氧化程度高，在一定程度增加了 SOM 的极性。以前研究表明，木质素与矿物的吸附不可逆，可能会阻碍木质素酚产物的萃取（Hernes et al.，2013）。通过活性矿物的去除，如果考虑不可逆吸附的作用，木质素酚产物绝对含量在酸处理后会比酸处理前萃取的产物更高。因此，本书观察到的木质素酚产物含量的减少量是基于酸处理后木质素酚产物流失的保守性计算，实际酸处理导致了更高的木质素酚产物的流失。因此，本书结果表明，土壤中大量木质素其氧化程度高，导致其极性增强。一旦酸处理后，氧化程度高、极性高的木质素酚产物会大量流失，这可能是酸处理后极性减小的重要原因之一。

11.4.3　炭黑含量

大量研究表明炭黑（black carbon，BC）因其富含高稠环芳香碳结构，其疏水性强，导致对有机污染物具有极强的吸附能力（Cornelissen and Gustafsson，2004）。因此，为了更好地研究炭黑对有机污染物的吸附特征，本书采用苯多羧酸（BPCAs）生物标志物，评估土壤中 BC 的含量和性质。BPCAs 的单体比值分析（如 B5CA/B6CA 均小于 0.8）表明，土壤中 BC 的主要来源为草的燃烧，其含量在 0.61～4.08mg/g（表 11.2）。一般认为，BPCAs 的含量与 BC 的含量存在转化系数（2.27），通过转化系数转换后，土壤样品中 BC 的含量为 1.38～9.26mg/g。该含量与大多数文献报道的 BC 分布范围较为一致（Mueller-Niggemann et al.，2016），一定程度上说明该转换系数在本书中可适用。此外，与游离态脂含量增加趋势相似，酸处理后，土壤 60-S 和 60-X 中的 BC 含量明显增加，考虑到酸处理矿物的损失，可证明酸处理后 BC 也进一步在土壤中富集。

11.5　吸附等温线及吸附机理

11.5.1　活性矿物去除后对 PHE 和 OFL 的表观吸附特征分析

图 11.3 显示了酸处理前后所有土壤吸附剂上 PHE 和 OFL 的吸附等温线，所有吸附等温线均使用 Freundlich 模型，各拟合参数列于表 11.3。其中，n 值表示非线性吸附程度，也代表吸附剂的吸附位点异质性。一般而言，n 值越小，该吸附的非线性越强，吸附位点的异质性越强；当 n 值接近 1 时，该吸附呈现线性吸附。本书中，对于 PHE，在土壤吸

附剂上的 n 值为 0.741～0.913；而 OFL 在土壤吸附剂上具有较低的 n 值，其范围为 0.238～0.393。可见，相比 PHE，OFL 的吸附在吸附位点分布上表现出更高的非均质性，即在土壤吸附剂上有更强的非线性吸附。

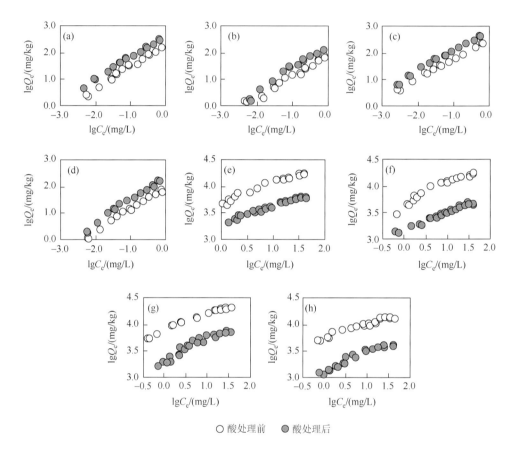

○ 酸处理前　● 酸处理后

图 11.3　酸处理前后的土壤吸附剂上 PHE（a～d）和 OFL（e～h）的吸附等温线

注：（a）和（e）代表 10-S 土壤上的吸附；（b）和（f）代表 10-X 土壤上的吸附；（c）和（g）代表 60-S 土壤上的吸附；
（d）和（h）代表 60-X 土壤上的吸附。

表 11.3　Freundlich 模型对 PHE 和 OFL 在不同吸附剂上的拟合结果

吸附剂	PHE								OFL					
	Freundlich 模型拟合结果				K_{d1}	K_{d2}	K_{OC1}	K_{OC2}	Freundlich 模型拟合结果				K_{d1}	K_{d2}
	n	Std.	$\lg K_F$	R_{adj}^2					n	Std.	$\lg K_F$	R_{adj}^2		
10-S	0.826	0.02	2.34	0.986	471	316	24.4	16.4	0.347	0.02	3.72	0.950	2337	817
10-X	0.787	0.03	1.93	0.977	241	131	17.1	10.5	0.359	0.02	3.70	0.938	2291	817
60-S	0.741	0.01	2.53	0.996	1046	576	40.6	22.3	0.298	0.01	3.88	0.981	3235	1045
60-X	0.834	0.02	2.00	0.989	207	141	19.7	13.4	0.238	0.01	3.78	0.933	2351	690

续表

吸附剂	PHE								OFL					
	Freundlich 模型拟合结果				K_{d1}	K_{d2}	K_{OC1}	K_{OC2}	Freundlich 模型拟合结果				K_{d1}	K_{d2}
	n	Std.	$\lg K_F$	R^2_{adj}					n	Std.	$\lg K_F$	R^2_{adj}		
10-S-A	0.815	0.02	2.67	0.993	1046	683	39.6	25.9	0.316	0.01	3.32	0.976	895	298
10-X-A	0.913	0.03	2.35	0.975	326	267	22.2	18.2	0.320	0.01	3.18	0.980	664	222
60-S-A	0.767	0.02	2.87	0.987	2049	1199	65.1	38.1	0.393	0.02	3.32	0.920	993	373
60-X-A	0.862	0.03	2.38	0.982	442	322	36.5	26.6	0.330	0.02	3.15	0.926	629	214
10-S-E	0.986	0.04	2.52	0.976	350	338	19.3	18.7	0.324	0.02	3.76	0.936	2494	840
10-X-E	0.799	0.02	2.05	0.989	271	171	22.2	14.0	0.372	0.03	3.68	0.905	2202	802
60-S-E	0.741	0.01	2.59	0.994	1197	660	51.8	28.6	0.296	0.01	3.84	0.976	2937	946
60-X-E	0.835	0.02	2.07	0.992	238	163	22.9	15.7	0.249	0.02	3.74	0.937	2206	659
10-S-AE	0.756	0.01	2.67	0.994	1349	770	56.0	31.9	0.341	0.02	3.36	0.967	1032	357
10-X-AE	0.767	0.02	2.25	0.991	488	286	34.1	20.0	0.343	0.02	3.22	0.977	740	257
60-S-AE	0.697	0.02	2.92	0.989	3139	1562	91.5	45.5	0.345	0.01	3.49	0.979	1382	481
60-X-AE	0.767	0.02	2.28	0.990	527	309	52.2	30.6	0.347	0.01	3.14	0.978	619	217

注：Std 代表标准差；R^2_{adj} 代表可调可决系数；K_d 和 K_{OC} 分别代表单点吸附系数和碳标准化单点系数。其中，PHE 的 K_{d1} 和 K_{d2} 分别代表液相平衡浓度为 0.01Cs 和 0.1Cs 时计算的单点吸附系数；OFL 的 K_{d1} 和 K_{d2} 分别代表液相平衡浓度为 0.001Cs 和 0.005Cs 时计算的单点吸附系数。Cs 是化学物质在 25℃ 的水中的溶解度，PHE 为 1.29mg/mL，OFL 为 3400mg/mL。E 表示游离态脂萃取后。K_{d1}、K_{d2} 单位为 L/kg；K_{OC1}、K_{OC2} 单位为 10^3L/kg C。

值得注意的是，酸处理增加了 PHE 的吸附，但减少了 OFL 的吸附。计算单点吸附系数 K_d，酸处理后，对于 PHE 的吸附，其 K_d 增加了 1～2 倍；而对于 OFL 的吸附，其 K_d 减少至 $\frac{1}{3}$～$\frac{1}{2}$。

11.5.2　土壤组分对 PHE 和 OFL 的吸附影响

游离态脂的存在可能会改变土壤有机质对有机污染物的吸附特性。因此，本书比较了游离态脂去除前后 PHE 和 OFL 的吸附性（Ahangar et al.，2009）。游离态脂萃取后，土壤性质（包括元素组成和比表面积）基本上没有发生变化。通过游离态脂萃取前后 PHE 和 OFL 的吸附分析发现，游离态脂萃取后，大部分土壤对 PHE 和 OFL 的吸附基本与萃取前保持一致。仅仅在 10-S-A 土样中观察到游离态脂的去除，PHE 和 OFL 的吸附略有增加。过去的研究认为，土壤脂可能竞争疏水性有机污染物（hydrophobic organic contaminants，HOCs）的吸附位点（Ahangar et al.，2009），但对土壤脂影响离子型有机污染物（ionic organic contaminants，IOCs）的吸附较少关注。因此，相比于 PHE 而言，研究脂类组成和来源对 IOCs 的吸附影响是十分有必要的。本书中游离态脂的去除对 PHE 和 OFL 的吸附基本没有很大影响，这可能是脂含量较低（少于 TOC 的 2%）导致。

一些研究发现，酸处理后，土壤可增加 PHE 的吸附，可达一个浓度数量级以上（Smernik and Kookana，2015；Ahangar et al.，2009）。大量研究已报道，有机碳含量（f_{OC}）是控制有机污染物（特别是疏水性有机污染物）的重要组分。正如前文所述，活性矿物的去除导致有机质富集，因此 PHE 的单点吸附量 K_d 随着 f_{OC} 增加而增加。以往研究表明，当 f_{OC} 超过 0.1%时，HOCs 的吸附主要依赖于有机质，而与无机矿物组分无关（Pan et al.，2008；Schwarzenbach and Westall，1981）。在本书中，f_{OC} 超过 1%，因此，矿物组分对 PHE 在土壤中的吸附贡献基本可以忽略。同时，对所有土壤中 PHE 的单点吸附量 K_ds 进行有机碳标准化处理，得到 K_{OC}（表 11.4）。将酸处理前后全部土壤样品整合在一起分析可知，PHE 的 K_{OC} 随着有机质芳香性（C/H）增加而增加，而随着有机质极性[(O + N)/C]增加而减小（图 11.4），这与以往文献的报道一致。需要注意的是，PHE 的单点吸附碳标准化后，并未趋于一致，而是相差 5 倍多，本书中 K_{OC} 与 f_{OC} 的关系图中也并没有发现有明显的相关性。但由图 11.4 可知，酸处理后的 K_{OC} 均比酸处理前更高，特别是低 f_{OC} 值增加最明显。过去研究表明，有机无机复合体的形成使得有机质重新组装，可能会增加PHE 的吸附（Wang and Xing，2005）。但在本书中并非如此，因为酸处理会破坏有机无机复合体，使得对 PHE 的吸附反而增加。整体化学表征和特定分子生物标志物的分析共同表明，酸处理对土壤有机质的极性物质的"剥离"过程可能导致 SOM 暴露出更多 PHE 的有效吸附位点。因此，有机质的极性"剥离"组分对 PHE 与土壤有机质的吸附作用的影响不可忽略。

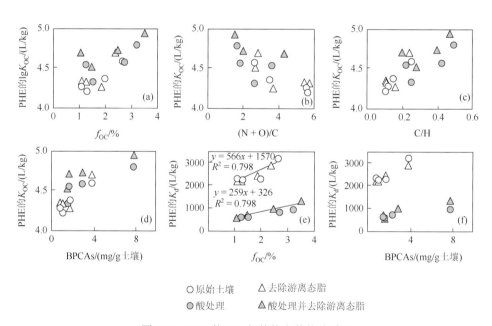

图 11.4　PHE 的 K_{OC} 与其他参数的关系图

注：所有参数来源表 11.3 中 K_{OC1} 或 K_{d1}，K_{OC2} 或 K_{d2} 也有相同的趋势。空心代表未进行酸处理；灰色代表酸处理；
三角形代表溶剂萃取游离态脂；圆形代表未进行溶剂萃取。

与 PHE 的吸附不同，OFL 的吸附在酸处理后急剧减小。过去的研究强调矿物组分对

IOCs 吸附扮演着重要的作用,有机质并不是唯一控制其吸附机制的组分(Yamamoto et al., 2018;Pan et al.,2012)。因此,对 OFL 的单点吸附量 K_d 应避免进行碳标准化。然而,研究观察到,OFL 的 K_d 随着 f_{OC} 的增加而增加,表明土壤有机质对 OFL 的吸附呈现积极的作用。其斜率和截距分别反映了 OFL 的 K_d 对 f_{OC} 的依赖性及矿物组分的贡献。酸处理后,截距的减小表明矿物组分对 OFL 的吸附贡献降低。此外,根据线性回归分析,酸处理后,斜率减小了 50%左右。可见,这种依赖于 f_{OC} 的贡献也相应减小,这可能与 SOM 的组分有关。研究者曾报道氢键在控制 IOCs 的吸附中扮演了重要的作用(Pan and Xing, 2008)。考虑到土壤有机质的极性组分富含大量的含氧官能团,可能有利于氢键的形成,因此,土壤有机质的极性组分可能很大程度来源于 OFL 的吸附。随着酸处理,土壤有机质的极性组分被去除,从而降低土壤组分与 OFL 的吸附作用。

表 11.4　溶剂萃取前后的土壤吸附剂的性质表征

吸附剂	元素组成分析						SA_{N_2}	SA_{CO_2}
	N/%	C/%	H/%	O/%	C/H	(N + O)/C		
10-S-E	0.19	1.81	1.02	8.53	0.15	3.63	24.6	23.6
10-X-E	0.13	1.22	0.98	8.99	0.10	5.62	28.5	22.6
60-S-E	0.22	2.31	0.85	8.26	0.23	2.77	17.9	21.0
60-X-E	0.12	1.04	0.85	7.26	0.10	5.33	17.6	18.3
10-S-A-E	0.23	2.41	0.51	5.86	0.39	1.91	8.21	15.1
10-X-A-E	0.17	1.43	0.44	4.84	0.27	2.64	12.2	13.2
60-S-A-E	0.26	3.43	0.62	6.36	0.46	1.46	7.43	18.4
60-X-A-E	0.15	1.01	0.45	5.52	0.16	4.22	10.3	34.8

注：E 表示游离态脂萃取后。

11.6　本章小结

SOM 在全球碳循环框架中是重要的动态组分。然而,目前这个概念并未引入 SOM 对有机污染物的迁移转化研究中。本书为耦合 SOM 动态变化与有机污染物的吸附行为提供了重要的新思路。SOM 组成的变化会导致其稳定性和功能性发生变化。SOM 的动态变化包括化学降解和物理分级,应该在所有与 SOM 有关的研究中被全面考虑。本书通过结合全样化学表征和特定分子生物标志物信息,探究随着活性矿物的溶解,SOM 的组成变化,从而提高 PHE 的吸附,降低 OFL 的吸附。我们推测,随着活性矿物的溶解,HOCs 可能会滞留在土壤中,而 IOCs 的迁移性会增加。因此,考虑到有机污染物的移动性及生物有效性,随着活性矿物的溶解,IOCs 的环境风险可能会增加,而 HOCs 的环境风险可能会降低。基于 SOM 的动态变化,未来需要进一步强化分子生物标志物方法在分析或预测有机污染物的环境行为和风险评估模型中的应用。

参 考 文 献

Ahangar A G,Smernik R J,Kookana R S,et al.,2008. Separating the effects of organic matter-mineral interactions and organic matter chemistry on the sorption of diuron and phenanthrene. Chemosphere，72（6）：886-890.

Ahangar A G，Smernik R J，Kookana R S，et al.，2009. The effect of lipids on the sorption of diuron and phenanthrene in soils. Chemosphere，74：1062-1068

Ahmed E，Holmström S J M，2015. Microbe-mineral interactions：the impact of surface attachment on mineral weathering and element selectivity by microorganisms. Chemical Geology，403：13-23.

Banfield J F，Barker W W，Welch S A，et al.，1999. Biological impact on mineral dissolution：application of the lichen model to understanding mineral weathering in the rhizosphere. Proceedings of the National Academy of Sciences of the United States of America，96（7）：3404-3411.

Batjes N H，1996. Total carbon and nitrogen in the soils of the world. European Journal of Soil Science，47（2），151-163.

Cornelissen G，Gustafsson Ö，2004. Sorption of phenanthrene to environmental black carbon in sediment with and without organic matter and native sorbates. Environmental Science & Technology，38（1）：148-155.

Derrien D，Marol C，Balesdent J，2007. Microbial biosyntheses of individual neutral sugars among sets of substrates and soils. Geoderma，139（1）：190-198.

Dixon J B，Weed S B，1989. Minerals in Soil Environments. Hoboken：Wiley.

Gélinas Y，Prentice K M，Baldock J A，et al.，2001. An improved thermal oxidation method for the quantification of soot/graphitic black carbon in sediments and soils. Environmental Science & Technology，35（17）：3519-3525.

Genest S C，Simpson M J，Simpson A J，et al.，2014. Analysis of soil organic matter at the solid-water interface by nuclear magnetic resonance spectroscopy. Environmental Chemistry，11（4）：472.

Glaser B，Haumaier L，Guggenberger G，et al.，1998. Black carbon in soils：the use of benzenecarboxylic acids as specific markers. Organic Geochemistry，29（4）：811-819.

Gonçalves C N，Dalmolin R S D，Dick D P，et al.，2003. The effect of 10% HF treatment on the resolution of CPMAS ^{13}C NMR spectra and on the quality of organic matter in Ferralsols. Geoderma，116（3-4）：373-392.

Haberhauer G，Rafferty B，Strebl F，et al.，1998. Comparison of the composition of forest soil litter derived from three different sites at various decompositional stages using FTIR spectroscopy. Geoderma，83（3-4）：331-342.

Hedges John I，Mann Dale C，1979. The characterization of plant tissues by their lignin oxidation products. Geochimica et Cosmochimica Acta，43（11）：1803-1807.

Heim A，Schmidt M W I，2007. Lignin turnover in arable soil and grassland analysed with two different labelling approaches. European Journal of Soil Science，58（3）：599-608.

Hernes P J，Kaiser K，Dyda R Y，et al.，2013. Molecular trickery in soil organic matter：hidden lignin. Environmental Science & Technology，47（16）：9077-9085.

Hou J，Pan B，Niu X K，et al.，2010. Sulfamethoxazole sorption by sediment fractions in comparison to pyrene and bisphenol A. Environmental Pollution，158（9）：2826-2832.

Huang W H，Keller W D，1972. Organic acids as agents of chemical weathering of silicate minerals. Nature Physical Science，239：149-151.

Inbar Y，Chen Y，Hadar Y，1989. Solid-state carbon-13 nuclear magnetic resonance and infrared spectroscopy of composted organic matter. Soil Science Society of America Journal，53（6）：1695-1701.

Johnson M D，Huang W L，Weber W J，2001. A distributed reactivity model for sorption by soils and sediments. 13. simulated diagenesis of natural sediment organic matter and its impact on sorption/desorption equilibria. Environmental Science & Technology，35（8）：1680-1687.

Kaiser K，Guggenberger G，2003. Mineral surfaces and soil organic matter. European Journal of Soil Science，54（2）：219-236.

Kalbitz K，Solinger S，Park J H，et al.，2000. Controls on the dynamics of dissolved organic matter in soils：a review. Soil Science，165（4）：277-304.

Kang S，Xing B S，2005. Phenanthrene sorption to sequentially extracted soil humic acids and humins. Environmental Science & Technology，39（1）：134-140.

Karapanagioti H K, Kleineidam S, Sabatini D A, et al., 2000. Impacts of heterogeneous organic matter on phenanthrene sorption: equilibrium and kinetic studies with aquifer material. Environmental Science & Technology, 34 (3): 406-414.

Lazo D E, Dyer L G, Alorro R D, 2017. Silicate, phosphate and carbonate mineral dissolution behaviour in the presence of organic acids: a review. Minerals Engineering, 100: 115-123.

Li F F, Pan B, Zhang D, et al., 2015. Organic matter source and degradation as revealed by molecular biomarkers in agricultural soils of Yuanyang Terrace. Scientific Reports, 5: 11074.

Matus F, Rumpel C, Neculman R, et al., 2014. Soil carbon storage and stabilisation in andic soils: a review. Catena, 120: 102-110.

Mueller-Niggemann C, Lehndorff E, Amelung W, et al., 2016. Source and depth translocation of combustion residues in Chinese agroecosystems determined from parallel polycyclic aromatic hydrocarbon (PAH) and black carbon (BC) analysis. Organic Geochemistry, 98: 27-37.

Otto A, Simpson M J, 2007. Analysis of soil organic matter biomarkers by sequential chemical degradation and gas chromatography-mass spectrometry. Journal of Separation Science, 30 (2): 272-282.

Pan B, Xing B S, 2008. Adsorption mechanisms of organic chemicals on carbon nanotubes. Environmental Science & Technology, 42 (24): 9005-9013.

Pan B, Ning P, Xing B S, 2008. Part IV: sorption of hydrophobic organic contaminants. Environmental Science and Pollution Research, 15 (7): 554-564.

Pan B, Xing B S, Tao S, et al., 2007. Effect of physical forms of soil organic matter on phenanthrene sorption. Chemosphere, 68 (7): 1262-1269.

Pan B, Wang P, Wu M, et al., 2012. Sorption kinetics of ofloxacin in soils and mineral particles. Environmental Pollution, 171: 185-190.

Peng H B, Pan B, Wu M, et al., 2012. Adsorption of ofloxacin and norfloxacin on carbon nanotubes: hydrophobicity-and structure-controlled process. Journal of Hazardous Materials, 233-234, 89-96.

Percival H J, Parfitt R L, Scott N A, 2000. Factors controlling soil carbon levels in New Zealand grasslands is clay content important? Soil Science Society of America Journal, 64 (5): 1623-1630.

Qiu Q Y, Wu J P, Liang G H, et al., 2015. Effects of simulated acid rain on soil and soil solution chemistry in a monsoon evergreen broad-leaved forest in Southern China. Environmental Monitoring and Assessment, 187 (5): 272.

Rumpel C, Rabia N, Derenne S, et al., 2006. Alteration of soil organic matter following treatment with hydrofluoric acid (HF). Organic Geochemistry, 37 (11): 1437-1451.

Salloum M J, Chefetz B, Hatcher P G, 2002. Phenanthrene sorption by aliphatic-rich natural organic matter. Environmental Science & Technology, 36 (9): 1953-1958.

Schwarzenbach R P, Westall J, 1981. Transport of nonpolar organic compounds from surface water to groundwater. Environmental Science & Technology, 15 (11): 1360-1367.

Six J, Frey S D, Thiet R K, et al., 2006. Bacterial and fungal contributions to carbon sequestration in agroecosystems. Soil Science Society of America Journal, 70 (2): 555-569.

Smernik R J, Kookana R S, 2015. The effects of organic matter-mineral interactions and organic matter chemistry on diuron sorption across a diverse range of soils. Chemosphere, 119: 99-104.

Torn M S, Trumbore S E, Chadwick O A, et al., 1997. Mineral control of soil organic carbon storage and turnover. Nature, 389: 170-173.

Wang K J, Xing B S, 2005. Structural and sorption characteristics of adsorbed humic acid on clay minerals. Journal of Environmental Quality, 34 (1): 342-349.

Wen B, Zhang J J, Zhang S Z, et al., 2007. Phenanthrene sorption to soil humic acid and different humin fractions. Environmental Science & Technology, 41 (9): 3165-3171.

Wiesenberg G, 2004. Input and turnover of plant-derived lipids in arable soils. Köln: Universität zu Köln.

Xiao J, Wen Y L, Li H, et al., 2015. In situ visualisation and characterisation of the capacity of highly reactive minerals to preserve soil organic matter（SOM）in colloids at submicron scale. Chemosphere，138：225-232.

Xing B，2001. Sorption of naphthalene and phenanthrene by soil humic acids. Environmental Pollution，111（2）：303-309.

Yamamoto H，Takemoto K，Tamura I，et al.，2018. Contribution of inorganic and organic components to sorption of neutral and ionizable pharmaceuticals by sediment/soil. Environmental Science and Pollution Research，25（8）：7250-7261.

Zegouagh Y，Derenne S，Dignac M，et al.，2004. Demineralisation of a crop soil by mild hydrofluoric acid treatment Influence on organic matter composition and pyrolysis. Journal of Analytical & Applied Pyrolysis，71（1）：119-135.

Zhang D N，Duan D D，Huang Y D，et al.，2016. Novel phenanthrene sorption mechanism by two pollens and their fractions. Environmental Science & Technology，50（14）：7305-7314.

第12章 分子生物标志物对稠环有机质的老化及其吸附特性研究

12.1 引　　言

天然有机质（natural organic matter，NOM）在碳循环和控制污染物环境行为，如吸附污染物、影响污染物生物利用性等方面发挥着重要作用。前人研究表明，当土壤中有机质含量超过 0.01%时，土壤对有机污染物的吸附行为就由土壤有机质控制（Mader et al.，1997）。根据有机质来源和结构，NOM 包含非稠环有机质（脂类、蛋白质和多糖）以及稠环有机质（炭黑、干酪根、胡敏酸和煤）等不同类型的物质（Ran et al.，2013，2009）。与其他有机质相比，由于稠环有机质结构中含有大量的芳香族碳及较少的羧基和烷氧基组分，导致其具有较强的热稳定性和较弱的极性（Cuypers et al.，2002）。通常来讲，稠环有机质的强疏水性和结构惰性会使其在吸附疏水性有机污染物（HOCs）和固定碳源方面比其他 NOM 更具有优势。

以往的研究表明，有机质的结构特征会对 HOCs 的吸附产生根本影响（Ren et al.，2018）。Kleineidam 等（1999）研究发现沉积物对 HOCs 吸附呈现高 K_{oc} 值，这主要归因于沉积物中煤和木炭颗粒的作用。此外，还有研究报道，土壤和沉积物对 HOCs 的吸附主要由炭黑和干酪根贡献（Sun et al.，2010；Ran et al.，2007）。腐殖质的芳香性与其吸附 HOCs 的能力呈显著正相关（Perminova et al.，1999）。这些研究都表明，稠环有机质在吸附 HOCs 中发挥了重要作用。由于稠环有机质含有大量的凝聚芳香域结构，除了吸附有机污染物其在应对微生物降解和化学降解时也具有较强的抗性（Ussiri et al.，2014）。这一特性极有利于碳存储，例如，大量报道指出炭黑可以在环境中存在几十年到几千年不等（Tranvik，2018）。然而，近期研究表明，稠环有机质稳定的分子结构只能在其降解初始阶段发挥抗降解作用（Han et al.，2016；Lüetzow et al.，2006），一旦稠环有机质的芳香域结构遭到破坏，微生物的胞外酶就会攻击稠环有机质，并从外部到内部逐步降解稠环有机质（Han et al.，2016）。显而易见，稠环有机质的性质控制了它的环境行为，如吸附有机污染物。在土壤等复杂环境系统中，如何动态监测和描述稠环有机质的性质成为理解其环境行为的关键。

分子标志物技术在理解天然有机质来源和行为方面做出了重要贡献。苯多羧酸（BPCAs）分子标志物技术是一种逐渐发展起来，用于评测木炭、土壤、沉积物等环境介质中炭黑含量和性质的技术。这种技术主要通过分析介质中苯多羧酸单体如苯三甲酸（B3CAs）、苯四甲酸（B4CAs）、苯五甲酸（B5CA）和苯六甲酸（B6CA）的含量和相对比例来推断炭黑在环境介质的含量和性质（芳香性、凝聚程度、炭化温度）。在最近几十年的研究中，BPCAs 法被广泛应用在环境炭黑评估和自然火灾历史推断中（Coppola et al.，2018；Wagner et al.，2018）。一些研究者甚至根据 BPCAs 各单体的分布情况来追溯环境中的炭黑来源（Lehndorff et al.，2014；Wolf et al.，2013）。然而，最近研究指出，由于其他稠环有机质如胡敏酸、煤、干酪根和具有高凝聚态碳结构的生物质材料等对 BPCAs 的贡献，BPCAs 方法可能过高评估了环境炭黑含量（Gerke，2019；Kappenberg et al.，2016）。理论上讲，具有高凝聚态芳香域结构的有机质通过硝酸氧化都可以生成 BPCAs。基于这种假设，BPCAs 法可以应用到评估所有稠环有机质含量和性质的研究中，进而为探究稠环有机质的环境行为提供一种新思路。

12.2　研究方法及实验方案

12.2.1　实验材料

本书所用的火成源稠环有机质由玉米秸秆、松木屑和花生壳在不同温度下热解制备而成，非火成源稠环有机质一部分从土壤中分离提取，一部分从美国国家标准与技术研究院和西格玛奥德里奇有限公司购买。吸附实验所用的模型污染物双酚 A（BPA）、磺胺甲噁唑（SMX）、菲（PHE），老化稠环有机质所用的氧化剂次氯酸钠（NaOCl）、硝酸（HNO_3）、硫酸（H_2SO_4），提取非火成源稠环有机质所用的其他化学试剂均从上海阿拉丁生化科技股份有限公司购买。所有化学试剂均为分析纯或优级纯。

12.2.2　制备火成源稠环有机质

玉米秸秆、松木屑和花生壳购得后，用清水清洗干净，然后在 60℃烘箱中烘干，烘干后用粉碎机粉碎，研磨均匀过 250μm 筛备用。用锡箔纸将一定量的生物质包好置于马弗炉中，向马弗炉中通 30min 氮气以排尽空气。每 100℃设定一个温度间隔，在氮气氛围中，在 200～500℃下热解 4h 制得火成源稠环有机质，待马弗炉温度降至室温时取出，研磨均匀过 150μm 筛备用。根据制备温度不同，玉米秸秆稠环有机质标记为 CNY、CN200、CN300、CN400、CN500，松木屑稠环有机质标记为 PWY、PW200、PW300、PW400、PW500，花生壳稠环有机质标记为 P400。

12.2.3　制备老化火成源稠环有机质

1. NaOCl 老化火成源稠环有机质

取 20g 玉米秸秆和松木屑火成源稠环有机质置于 200mL 质量分数为 6%的 NaClO 溶液中，在(25±1)℃下振荡 9h，静置离心去除上清液。重复该过程 3 次，然后用去离子水反复冲洗有机质直至无 Cl⁻溶出。氧化后的稠环有机质标记为 CNOY、CNO200、CNO300、CNO400、CNO500 和 PWOY、PWO200、PWO300、PWO400、PWO500。

2. HNO₃/H₂SO₄ 老化火成源稠环有机质

将 P400 在 HNO_3/H_2SO_4 混合液中老化 2～10h，用以模拟稠环有机质在环境中的不同老化程度。取 5g P400 稠环有机质均匀分散于 400mL HNO_3/H_2SO_4 溶液中，70℃下反应 2h、4h、6h、8h、10h。反应后，混合液过 0.45μm 滤膜抽滤，用去离子水反复冲洗直至滤出液 pH 保持不变。氧化后的稠环有机质在烘箱中 60℃下烘干，标记为 P4-2、P4-4、P4-6、P4-8 和 P4-10。

12.2.4　分离非火成源稠环有机质

土壤样品采集于云南西双版纳不同土层深度：0～20cm、20～40cm 和 40～60cm。所有样品在空气中自然风干，粉碎，过 840μm 筛备用。对土壤中的有机质根据 Song 等（2002）的方法进行连续分离，如图 12.1 所示。具体步骤如下：70g 的土壤样品放置于 300mL 6mol/L 的 HCl 中，60℃下反应 20h。反应完成后用离心机离心，离心后的固体反复用 2mol/L 的 HCl 洗涤 3 次。然后将土壤固体转移到 HCl(6mol/L)/HF(22mol/L)中，60℃中反应 20h 去除土壤无机矿物。去矿后的土壤样品烘干后标记为 P/M 备用。之后，取一定量的 P/M 用索氏提取 72h 去除可提取土壤脂类，索氏提取后的样品标记为 P/ML。将一部分 P/ML 置于 0.1mol/L NaOH 溶液中提取 12h，混合物离心分离后将上清液转移至 5L 烧杯中，此过程重复多次直至上清液层为浅黄色，分离后的固体烘干后标记为 P/MLH。上清液用 6mol/L 的 HCl 调节 pH 至 1.0，沉淀即为胡敏酸（HA）。接着取一定量的 P/MLH 置于 0.1mol/L 的 $K_2Cr_2O_7/H_2SO_4$ 混合液中，水浴(55±1)℃反应 60h 去除干酪根，反应后的样品用去离子水反复清洗，烘干后标记为 P/MLHK，即为炭黑组分。

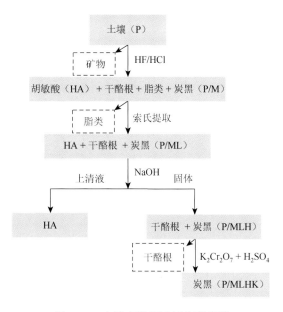

图 12.1　土壤有机质连续分离步骤

12.2.5 稠环有机质中 BPCAs 的测定方法

依据 Brodowski 等（2005）的方法，对所有样品苯多羧酸（BPCAs）分子标志物进行定性和定量分析，具体方法参照第 7 章。

12.2.6 吸附实验

采用批量吸附实验对 BPA、SMX、PHE 在稠环有机质上的吸附特性进行研究。背景液用 0.02mol/L NaCl（调节离子强度）和 200mg/L NaN₃（抑制微生物降解）配置。然后用背景液配置 1~64mg/L 的 BPA、0.4~40mg/L 的 SMX 和 0.1~1.2mg/L 的 PHE。批量吸附实验在 4~40mL 样品瓶中进行，按浓度梯度加入吸附质溶液，每个浓度点设置两个平行样。样品称好后置于摇床中，于 25℃、120r/min 条件下平衡 7 天。达到平衡后，取一定量样品于 10000r/min 转速下离心 15min，将离心后的上清液转移到液相瓶中，用高效液相色谱 HPLC（Agilent Technologies 1200）测定并计算得到上清液中吸附质浓度。检测 BPA 时，流动相为 40：60 的乙腈和去离子水，流速为 1mL/min，紫外检测波长为 280nm。检测 SMX 时，流动相为 40：60 的乙腈、去离子水和 0.1%的乙酸溶液，流速为 1mL/min，紫外检测波长为 265nm。检测 PHE 时，流动相为 85：15 的甲醇和去离子水溶液，流速为 0.5mL/min，检测器为荧光检测器，检测波长为 262nm/365nm（激发波长/发射波长）。其中，稠环有机质称取的质量和选用的样品瓶由预备实验所确定的固液比决定，需保证溶质在稠环有机质上的吸附率达到 20%~80%。

12.2.7 数据分析

Freundlich 模型和 Langmuir 模型通过 Sigmaplot l0.0 来拟合污染物在稠环有机质上的吸附等温线。

Freundlich 模型（FM）：

$$Q_e = K_F \cdot C_e^N \tag{12.1}$$

Langmuir 模型（LM）：

$$Q_e = (K_L \cdot Q_{max} \cdot C_e) / (1 + K_L \cdot C_e) \tag{12.2}$$

式中，Q_e（mg/kg）和 C_e（mg/L）分别是固相平衡浓度和液相平衡浓度；K_F[（mg/kg）/（mg/L）^{N}]为 Freundlich 吸附常数；N（量纲一）为 Freundlich 非线性系数；Q_{max}（mg/kg）为稠环有机质的最大吸附量；K_L（L/mg）为 Langmuir 吸附常数。

因可决系数（R^2）受数据点个数及拟合参数个数的影响，故在数据拟合过程中用可调可决系数（R_{adj}^2）来确定拟合优度。

$$R_{adj}^2 = 1 - (m-1)(1-R) / (m-n-1) \tag{12.3}$$

式中，m 为用于拟合曲线的数据点个数；n 为方程中参数个数。

由于 K_F 的单位与非线性系数 N 有关，每条吸附等温线与一个 N 对应，导致每一条曲

线中 K_F 的单位都不同，所以不能用 K_F 的大小来比较吸附质在稠环有机质上吸附性能的大小。因而选用单点吸附系数 K_d 来定量描述吸附质在稠环有机质上的吸附性能，K_d 的计算方程式为

$$K_d = Q_e/C_e \tag{12.4}$$

　　本书计算 $C_e = 0.01C_s$ 和 $C_e = 0.1C_s$ 处的 K_d 值。C_s 为污染物溶解度，相关数据统计分析通过 Excel 2007 和 SPSS 19.0 完成。

12.3　分子生物标志物对稠环有机质性质的描述

12.3.1　分子生物标志物对火成源稠环有机质的定性定量分析

1. 定量测定

　　BPCAs 分子的分布特征可以反映火成源稠环有机质中芳香簇结构的尺寸。对于所有的火成源稠环有机质而言，BPCAs 的含量均随着稠环有机质制备温度的升高而增加[图 12.2（a）、（b）]。例如，对于原始生物质而言，BPCAs 的含量极低，但当制备温度升高到 500℃时，BPCAs 的含量占到了整个火成源稠环有机质质量的 30%，其中苯六甲酸

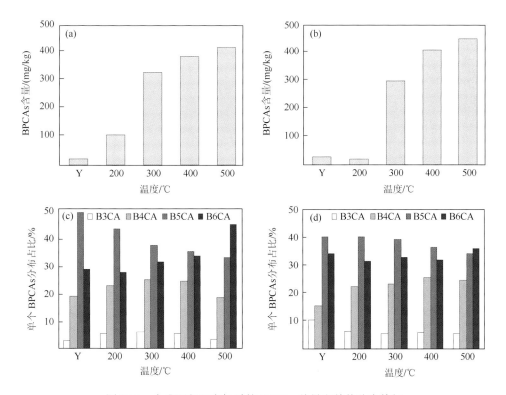

图 12.2　火成源稠环有机质的 BPCAs 总量和单体分布特征

注：（a）、（b）为 BPCAs 总量分布特征；（c）、（d）为 BPCAs 单体分布特征；（a）、（c）为玉米火成源稠环有机质；（b）、（d）为松木屑火成源稠环有机质。

（B6CA）占了整个 BPCAs 总量的 45%［图 12.2（c）、（d）］。尽管如此，也只有部分火成源稠环有机质组分被氧化生成 BPCAs，因此，为了从 BPCAs 的质量反向推算火成源稠环有机质的质量，二者之间需要转化系数进行换算。研究者根据火成源稠环有机质的种类，比如活性炭、烧烤炭或者木炭，研究出了不同的转化系数，例如 1.5、2.27，有的转化系数甚至超过了 4.5（Schneider et al.，2011；Brodowski et al.，2005；Glaser et al.，1998）。但是，在不知道火成源有机质具体分类的前提下选择适合的转化系数是不切实际的。

研究 BPCA 各单体百分含量和转化系数之间的关系，发现它们呈显著正相关（$P<0.01$）（图 12.3），这说明此转化系数并不是一个常数，而依赖于生物质类型和火成源稠环有机质的形成条件。

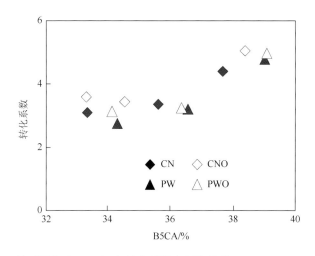

图 12.3　苯五甲酸（B5CA）和转化系数之间的关系（Chang et al.，2018b）

2. 性质的描述

BPCAs 除了可以在一定程度上评估火成源稠环有机质的含量外，还可以通过各单体的分布和其他参数特征描述火成源稠环有机质的性质，追溯其来源。例如，B6CA/BPCAs 可以反映稠环有机质的芳香性或芳香缩合度，其值越大芳香性越大（Chang et al.，2019）；B5CA/B6CA 和 B6CA/B4CA 可以指示火成源稠环有机质的形成温度并追溯其来源（Chang et al.，2018b；Boot et al.，2015；Li et al.，2015）。B5CA/B6CA 和 B6CA/B4CA 的值则分别被划分为三个范围用来指示其来源：B5CA/B6CA<0.8 表示火成源稠环有机质来源于家用燃料燃烧，B5CA/B6CA 为 0.8～1.4 代表来源于草燃烧，B5CA/B6CA 为 1.4～1.9 代表来源于森林地表燃烧；B6CA/B4CA>7 则表示为化石燃料源，B6CA/B4CA>2 则表示为城市土壤源，B6CA/B4CA<2 则表示为草本植物燃烧源（Boot et al.，2015；Lehndorff et al.，2014）。利用以上两个参数判断玉米秸秆和松木屑制备的火成源稠环有机质来自生物质源（图 12.4），与实际相符。再一次说明，BPCAs 可以为评估火成源稠环有机质的性质提供技术手段。

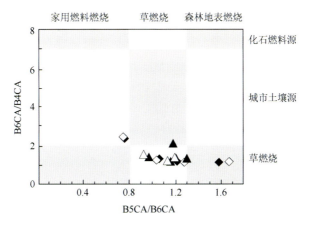

图 12.4　B6CA/B4CA 与 B5CA/B6CA 分析火成源稠环有机质来源（Chang et al.，2018b）

12.3.2　分子生物标志物在非火成源稠环有机质测定中的应用

1. 土壤不同有机质组分对 BPCAs 产物的贡献

用连续分离方法将土壤分为 5 个组分，分别测定每个土壤组分中 BPCAs 含量（BPCAs 的含量均换算到每克原始土壤中的含量进行比较），如图 12.5 所示，所测得的 BPCAs 含量为 0.8～1.0mg/g。酸处理去除了大部分矿物颗粒，导致土壤质量损失在 50%左右。与土壤质量损失相比，BPCAs 仅减少了 10.8%～33.8%（P/M）。由于炭黑的强疏水性和稳定性，炭黑在酸处理过程中几乎不会损失。一些不稳定有机质可能会对 BPCAs 含量测定有所影响，例如去除脂类后（P/ML），BPCAs 含量增加了 10.8%～44.9%。以往的研究表明，胡敏酸会与脂类相互作用或被脂类包裹（Kwon and Pignatello，2005），这种现象可能会降低 HNO_3 的氧化效率，进而减少 BPCAs 含量。当胡敏酸被提取后，BPCAs 产量急

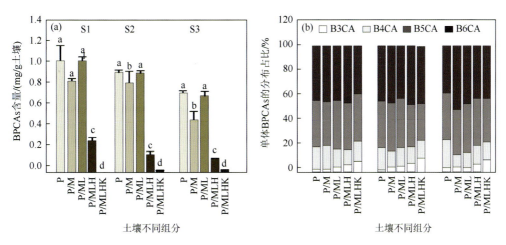

图 12.5　土壤不同组分中 BPCAs 含量（a）和单体分布特征（b）

注：S1、S2、S3 代表不同深度土层土壤（Chang et al.，2018a）。

剧降低，干酪根被去除后，BPCAs 产量进一步减少。这可能是由于胡敏酸和干酪根都含有芳香域稠环结构，这种结构会被氧化成 BPCAs。通过计算发现，胡敏酸和干酪根对原始土壤（P）中 BPCAs 含量的贡献分别达到了 71.8%～82.6% 和 15.2%～18.4%。当这些有机质被去除后，土壤中只剩下了炭黑。但在剩余土壤颗粒（P/MLHK）中只检测到了 2.4%～10.1% 的 BPCAs，理论上讲，这些 BPCAs 会以高羧化度的 B6CA 为主，但事实却并非如此。以上结果说明，除了火成源稠环有机质（如炭黑）外，其他非火成源稠环有机质（如干酪根、胡敏酸）也可能是生成 BPCAs 的前体物质。

2. 非火成源稠环有机质中 BPCAs 的分布特征

从腐熟化生物质样品、热解生物质样品和土壤样品中分别提取胡敏酸。腐熟化生物质样品经过去离子水反复漂洗，确保不受炭黑污染。在普洱茶叶和其提取的胡敏酸（HA）中都检测到了明显的 BPCAs 信息（图 12.6），其中 T-HA 的 BPCAs 含量占总有机碳含量的 1.8%。热解生物质样品由花生壳在不同热解温度下制得，代表不同的熟化程度。在花生壳原样和其提取的胡敏酸中仅检测到了 2.3mg/g 和 0.07mg/g BPCAs。热解后，BPCAs 含量明显增加，达到 4.6～302.7mg/g。而随着热解温度升高，B5CA 和 B6CA 所占的比例也明显升高，达到 53.6%～96.1%，表明芳香性增强。热解样品提取的胡敏酸中测得的 BPCAs 含量也明显增加，达到 73.7mg/g。从土壤中提取的胡敏酸测得的 BPCAs 含量则占胡敏酸质量的 12.2%，表明形成 BPCAs 相关的稠环结构是组成土壤胡敏酸的重要成分。

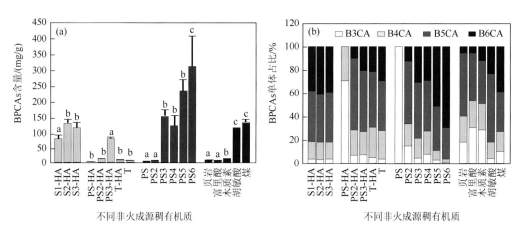

图 12.6　不同非火成源稠环有机质中 BPCAs 含量（a）和单体分布特征（b）（Chang et al.，2018a）

BPCAs 的单体分布特征可以为评估胡敏酸性质提供有用信息。在相对新鲜的生物质和胡敏酸中，只检测到了 B3CAs 和 B4CAs，而在相对熟化的胡敏酸样品中还检测到了 B5CA 和 B6CA。因此，研究认为，BPCAs 法可以像表征炭黑性质一样，用来表征胡敏酸物质的熟化度等信息。对标准物质的检测也发现类似结果，煤和胡敏酸中检测到了大量的 BPCAs 信息，且煤和胡敏酸中 B6CA 含量分别占到了 39.1% 和 23.3%。而页岩、富里酸和木质素中 BPCAs 的含量普遍较低。有研究表明，页岩中含有大量的干酪根（Trewhella et al.，1986），但这些干酪根主要以脂肪族碳为主，仅含有少量的芳香族碳。与该检测结果类似，其他研究在页岩中也仅检测到4.1%和14.1%的BPCAs含量（Poot et al.，2009；Hammes et al.，2007）。以上研究结果说明，BPCAs可以在一定程度上评估非火成源稠环有机质的含量和性质。

12.3.3　老化过程中稠环有机质分子生物标志物参数的变化特性

用 NaClO 氧化不同温度制备的火成源稠环有机质，模拟不同性质的稠环有机质在弱氧化环境中的老化过程。探究不同性质稠环有机质经过相同程度老化后BPCAs的变化特征。NaClO 氧化后，BPCAs的含量明显降低，且高温制备的火成源稠环有机质的BPCAs质量损失率较低，但是氧化没有改变BPCAs的单体分布特征（图12.7），代表高芳香性结构的 B5CA 和 B6CA 并没有表现出强的抗 NaClO 氧化能力，这可能是由于部分生物炭被分解并以溶解的稠环有机质形式释放，其疏水性较强，主要来自缩合的芳香团簇。需要注意的是，这部分组分具有较强的疏水性，进入环境后可能会与有机污染物发生相互作用。

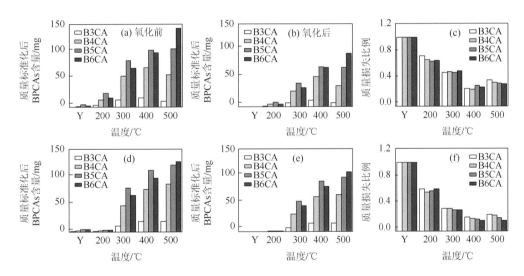

图 12.7　NaClO 氧化稠环有机质前后 BPCAs 含量（a）、（b）、（d）、（e）和单体质量损失率（c）、（f）
（Chang et al.，2018b）

注：（a）～（c）为玉米火成源稠环有机质；（d）～（f）为松木火成源稠环有机质。

用 HNO$_3$/H$_2$SO$_4$ 混合液氧化 400℃火成源稠环有机质 2～10h，获得不同老化程度的稠环有机质，探究不同老化程度的稠环有机质中BPCAs的变化特征。由研究可知，老化明显降低了稠环有机质中BPCAs的含量，且随着老化程度的增加，BPCAs含量降低得越明显，老化超过 4h 后，BPCAs 不再明显降低 [图 12.8（a）、（b）]。B6CA 的降低程度明显小于B3CAs、B4CAs 和 B5CA。经过 10h 老化后，B6CA 的相对含量从 32.0%增加到了 42.4% [图 12.8（c）]，这说明在自然环境中，稠环有机质经过长时间的老化后，高缩合度的组分会相对富集。强氧化环境下，老化不只发生在稠环有机质表面，也会逐步发展到内部芳香簇上。环境老化过程中，与芳香簇相连的脂肪族碳先被降解，之后暴露出的芳香簇边缘的苯环结构被氧化，逐步氧化到芳香簇核心。随着老化的进行，大的芳香簇结构被破碎成结构均一的小芳香簇基团，这些结构主要以六个共轭苯环的形式存在（Mao et al.，2012）。

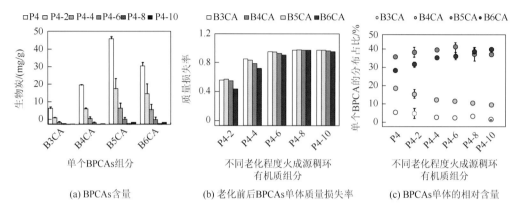

(a) BPCAs含量　　　　　(b) 老化前后BPCAs单体质量损失率　　　　　(c) BPCAs单体的相对含量

图 12.8　不同老化程度火成源稠环有机质中 BPCAs 的分布特征（Chang et al.，2019）

12.3.4　分子生物标志物参数对稠环有机质吸附有机污染物特性的描述

用 Freundlich 模型拟合稠环有机质对 BPA、SMX 和 PHE 的吸附行为。发现非线性吸附系数 N 随着火成源稠环有机质的制备温度升高而减小，表明其对这三种有机污染物的吸附非线性越来越强，而强的吸附非线性通常与稠环有机质的芳香簇结构有关，反映了吸附位点能量分布的异质性（Xiao et al.，2012）。此外，高温稠环有机质增加的微孔结构和比表面积也会增强其对有机污染物吸附非线性（Wang et al.，2016）。老化处理降低了稠环有机质对 BPA 和 SMX 的吸附非线性，这可能是由减小的比表面积和孔隙结构所导致。拟合非线性吸附系数 N 值和稠环有机质理化特性发现，N 与 B5CA/B6CA 显著相关（$P < 0.01$）（图 12.9），B5CA/B6CA 越小，说明稠环有机质的芳香缩合度越大，非线性吸附特性越强。对 BPA 而言，通过多元线性回归分析，发现 N 可以用 B5CA/B6CA 和(O + N)/C 两个参数表述，其关系式为 $N = 0.08 + 0.103\ \text{B5CA/B6CA} + 0.721(\text{O} + \text{N})/\text{C}$（$R^2 = 0.985$），此外，单点吸附系数 $\lg K_d$ 值也可以用 BPCAs 参数和(O + N)/C 表述（$R^2 = 0.936$）（图 12.10）。由此可见，结合 BPCAs 分子标志物参数与常规理化性质特征可能为生物炭的吸附行为研究提供新思路。

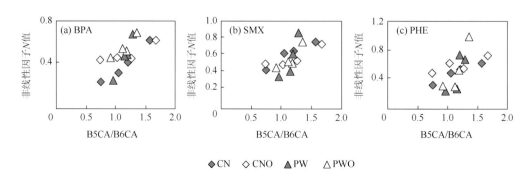

图 12.9　非线性吸附系数 N 与 B5CA/B6CA 相关性（Chang et al.，2018b）

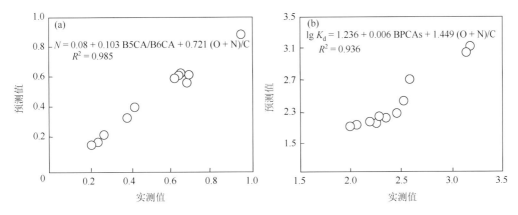

图 12.10　多元线性回归分析的预测值和实测值之间的关系（Chang et al.，2019）

注：K_d 在 $C_e = 0.01 \ C_s$ 处计算所得。

12.4　本 章 小 结

火成源和非火成源稠环有机质是生成 BPCAs 的前体物质，通过测定 BPCAs 含量及其单体分布特征可以为环境中稠环有机质含量和性质评估提供有用信息，进而为研究稠环有机质的环境行为提供有力的技术支撑。例如，通过建立稠环有机质 BPCAs 参数与其吸附有机污染物特征参数的关系，可以预测其对有机污染物的吸附行为。

参 考 文 献

Boot C M，Haddix M，Paustian K，et al.，2015. Distribution of black carbon in ponderosa pine forest floor and soils following the high park wildfire. Biogeosciences，12（10）：3029-3039.

Brodowski S，Rodionov A，Haumaier L，et al.，2005. Revised black carbon assessment using benzene polycarboxylic acids. Organic Geochemistry，36（9）：1299-1310.

Chang Z F，Tian L P，Li F F，et al.，2018a. Benzene polycarboxylic acid：a useful marker for condensed organic matter，but not for only pyrogenic black carbon. Science of the Total Environment，626：660-667.

Chang Z F，Tian L P，Wu M，et al.，2018b. Molecular markers of benzene polycarboxylic acids in describing biochar physiochemical properties and sorption characteristics. Environmental Pollution，237：541-548.

Chang Z F，Tian L P，Zhang J，et al.，2019. Combining bulk characterization and benzene polycarboxylic acid molecular markers to describe biochar properties. Chemosphere，227：381-388.

Coppola A I，Wiedemeier D B，Galy V，et al.，2018. Global-scale evidence for the refractory nature of riverine black carbon. Nature Geoscience，11（8）：584-588.

Cuypers C，Grotenhuis T，Nierop K G，et al.，2002. Amorphous and condensed organic matter domains：the effect of persulfate oxidation on the composition of soil/sediment organic matter. Chemosphere，48（9）：919-931.

Gerke J. 2019. Black（pyrogenic）carbon in soils and waters：a fragile data basis extensively interpreted. Chemical and Biological Technologies in Agriculture，6（1）：13.

Glaser B，Haumaier L，Guggenberger G，et al.，1998. Black carbon in soils：the use of benzenecarboxylic acids as specific markers. Organic Geochemistry，29：811-819.

Hammes K，Schmidt M W I，Smernik R J，et al.，2007. Comparison of quantification methods to measure fire-derived（black/elemental）carbon in soils and sediments using reference materials from soil，water，sediment and the atmosphere. Global

Biogeochemical Cycles，21（3）：GB3016.

Han L F，Sun K，Jin J，et al.，2016. Some concepts of soil organic carbon characteristics and mineral interaction from a review of literature. Soil Biology and Biochemistry，94：107-121.

Kappenberg A，Bläsing M，Lehndorff E，et al.，2016. Black carbon assessment using benzene polycarboxylic acids：limitations for organic-rich matrices. Organic Geochemistry，94：47-51.

Kleineidam S，Rügner H，Ligouis B，et al.，1999. Organic matter facies and equilibrium sorption of phenanthrene. Environmental Science & Technology，33（10）：1637-1644.

Kwon S，Pignatello J J. 2005. Effect of natural organic substances on the surface and adsorptive properties of environmental black carbon（char）： pseudo pore blockage by model lipid components and its implications for N_2-probed surface properties of natural sorbents. Environmental Science & Technology，39（20）：7932-7939.

Lehndorff E，Roth P J，Cao Z H，et al.，2014. Black carbon accrual during 2000 years of paddy-rice and non-paddy cropping in the Yangtze River Delta，China. Global Change Biology，20（6）：1968-1978.

Li F F，Pan B，Zhang D，et al.，2015. Organic matter source and degradation as revealed by molecular biomarkers in agricultural soils of Yuanyang Terrace. Scientific Reports，5：11074.

Lützow M V，Kögel-Knabner I，Ekschmitt K，et al.，2006. Stabilization of organic matter in temperate soils：mechanisms and their relevance under different soil conditions：a review. European Journal of Soil Science，57：426-445.

Mader B T，Uwe-Goss K，Eisenreich S J. 1997. Sorption of nonionic，hydrophobic organic chemicals to mineral surfaces. Environmental Science & Technology，31（4）：1079-1086.

Mao J D，Johnson R L，Lehmann J，et al.，2012. Abundant and stable char residues in soils：implications for soil fertility and carbon sequestration. Environmental Science & Technology，46（17）：9571-9576.

Perminova I V，Grechishcheva N Y，Petrosyan V S. 1999. Relationships between structure and binding affinity of humic substances for polycyclic aromatic hydrocarbons：relevance of molecular descriptors. Environmental Science & Technology，33（21）：3781-3787.

Poot A，Quik J T，Veld H，et al.，2009. Quantification methods of black carbon：comparison of rock-eval analysis with traditional methods. Journal of Chromatography A，1216（3）：613-622.

Ran Y，Sun K，Yang Y，et al.，2007. Strong sorption of phenanthrene by condensed organic matter in soils and sediments. Environmental Science & Technology，41（11）：3952-3958.

Ran Y，Sun K，Xing B S，et al.，2009. Characterization of condensed organic matter in soils and sediments. Soil Science Society of America Journal，73：351-359.

Ran Y，Yang Y，Xing B S，et al.，2013. Evidence of micropore filling for sorption of nonpolar organic contaminants by condensed organic matter. Journal of Environmental Quality，42（3）：806-814.

Ren X Y，Zeng G M，Tang L，et al.，2018. Sorption，transport and biodegradation–an insight into bioavailability of persistent organic pollutants in soil. Science of the Total Environment，610-611：1154-1163.

Schneider M P，Smittenberg R H，Dittmar T，et al.，2011. Comparison of gas with liquid chromatography for the determination of benzenepolycarboxylic acids as molecular tracers of black carbon. Organic Geochemistry，42（3）：275-282.

Song J Z，Peng P A，Huang W L. 2002. Black carbon and kerogen in soils and sediments. 1. quantification and characterization. Environmental Science & Technology，36（18）：3960-3967.

Sun K，Gao B，Zhang Z Y，et al.，2010. Sorption of endocrine disrupting chemicals by condensed organic matter in soils and sediments. Chemosphere，80（7）：709-715.

Tranvik L J. 2018. New light on black carbon. Nature Geoscience，11：547-548.

Trewhella M J，Poplett I J F，Grint A，1986. Structure of green river oil shale kerogen：determination using solid state ^{13}C n.m.r. spectroscopy. Fuel，65（4）：541–546.

Ussiri D A N，Jacinthe P A，Lal R. 2014. Methods for determination of coal carbon in reclaimed minesoils：a review. Geoderma，214-215：155-167.

Wagner S，Jaffé R，Stubbins A. 2018. Dissolved black carbon in aquatic ecosystems. Limnology and Oceanography Letters，3（3）：168-185.

Wang Z Y，Han L F，Sun K，et al.，2016. Sorption of four hydrophobic organic contaminants by biochars derived from maize straw，wood dust and swine manure at different pyrolytic temperatures. Chemosphere，144：285-291.

Wolf M，Lehndorff E，Wiesenberg G L B，et al.，2013. Towards reconstruction of past fire regimes from geochemical analysis of charcoal. Organic Geochemistry，55：11-21.

Xiao D，Pan B，Wu M，et al.，2012. Sorption comparison between phenanthrene and its degradation intermediates，9，10-phenanthrenequinone and 9-phenanthrol in soils/sediments. Chemosphere，86（2）：183-189.